LA GÉROCOMIE.

On trouve chez F. BUISSON, *Libraire*, les *Ouvrages* ci-après, du même *Auteur* :

L'Art de procréer les *Sexes* à volonté ; quatrième *Edition* : Un vol. *in*-8°, avec quatorze Gravures, broché, 6 fr. pour Paris, et 7 fr. 5o c. par la poste.

Supplément à tous les *Traités*, tant *Etrangers* que *Nationaux*, sur l'*Art des Accouchemens* : Un vol. in 8°, avec deux Gravures; 4 fr. 75 c. pour Paris, et 6 fr. 5o c. par la poste.

Cet Ouvrage doit faire suite au *Traité d'Accouchemens* de M. Baudelocque.

DE L'IMPRIMERIE DE JEUNEHOMME,

RUE DE SORBONNE, N°. 4.

Jacques André Millot,
de l'Académie de Chirurgie; Accoucheur des
ci-devant Princesses de France; membre de
plusieurs Sociétés Savantes.

LA GÉROCOMIE,

OU

CODE PHYSIOLOGIQUE

ET

PHILOSOPHIQUE,

Pour conduire les Individus des deux Sexes à une longue Vie, en les dérobant à la Douleur et aux Infirmités ;

PAR UNE SOCIÉTÉ DE MÉDECINS.

..........Le vrai, pour être accrédité,
Aux humains très-souvent doit être répété.

A PARIS,

Chez F. Buisson, Libraire, rue Gît-le-Cœur, n° 10, ci-devant rue Hautefeuille, n°s 20 et 23.

1807.

AVERTISSEMENT

DE

L'ÉDITEUR.

L'Ouvrage que je publie m'a paru être d'un genre nouveau, et d'un intérét si grand, que je me croirais coupable de lèze-humanité, si je différais plus long-temps à le faire connaître.

Je me rappelle que Platon *et* Socrate *ont dit :* C'est honorer les Dieux que de leur obéir ; et c'est leur obéir que d'être utile aux Hommes. *Tels sont encore aujourd'hui les*

principes et la base de notre Morale.
L'une des premières obligations de
l'Homme vivant en société, est de
se rendre utile à ses semblables.

Cet Ouvrage, fruit des veilles et
des observations de plusieurs Médecins, fait la critique du genre
de vie que mène ordinairement la
Jeunesse ; mais, parvenue à l'âge
où la raison la désabuse de ses
folles jouissances, elle nous saura
gré de lui faire connaître la conduite qu'elle doit tenir pour réparer
dans l'âge mûr les désordres que la
fougue des Passions a pu occasionner sur sa santé.

Cet Ouvrage est encore d'un égal

intérét pour ceux qui n'ont reçu de
la nature qu'une faible diathèse (1),
et souvent valétudinaire. Les derniers, comme les premiers, y trouveront des préceptes qui pourront
les conduire à une longue vie sans
infirmités.

Cet Ouvrage étant, comme je viens
de le dire, le fruit de sages Observateurs, et les vérités qu'il contient m'ayant été prouvées par une
longue expérience que je dois aux
Médecins qui m'ont précédé, et au
commerce que j'ai eu avec plusieurs
d'entre eux, et dont quelques-uns
vivent encore, je suis loin de m'en

____

(1) *Diathèse*, ou Constitution physique.

(4)

*regarder comme l'Auteur. En ras-
semblant ici toutes les Connaissances de mes Confrères, je leur en
laisse la gloire, ne me réservant que
la douce satisfaction de servir l'humanité.*

MILLOT (Jacques-André), ancien Membre
des Collége et Académie de Chirurgie de
Paris, Correspondant de la ci-devant Académie des Sciences, Arts et Belles-Lettres
de Dijon, Accoucheur des ci-devant Princesses de France, Membre de la Société
Académique des Sciences de Paris, Correspondant de celle de Médecine-Pratique
de Montpellier, etc.

PRÉFACE

ET

PLAN DE L'OUVRAGE.

BEAUCOUP d'Auteurs ont traité de ce qui convient à l'Enfance, à la Jeunesse, à l'Age mûr, ainsi que des moyens de remédier aux maux qui leur surviennent. Plusieurs ont écrit sur les maladies de la Vieillesse en particulier ; mais très-peu ont parlé de ce qui est nécessaire *pour maintenir les deux sexes en bonne santé, lorsqu'ils sont parvenus à un certain âge*, et du temps où il faut commencer les soins utiles pour *espérer une longue vie* sans être accablé des infirmités auxquelles la Vieillesse est souvent en proie. C'est ce que nous entreprenons d'après les observations des Grands-Hommes en Médecine, et d'après notre expérience particulière, qui nous mettent en état de tracer une règle de conduite certaine pour conserver la santé et la réparer dans l'âge où elle devient ordinairement chancelante.

Nous croyons que les Hommes qui ont passé la majeure partie de leur vie à soulager et guérir les Malades, doivent finir leur carrière par transmettre à la Postérité tout ce que d'immenses Lectures, et une longue Expérience leur ont fait connaître de meilleur; tous les Procédés, tous les Moyens qui leur ont réussi dans le soulagement de leurs Contemporains; car l'Art de guérir, ainsi que celui de diriger le rétablissement complet de la santé des Malades que le Médecin vient d'arracher à la mort, et que nous appelons *convalescence*, sont le fruit de longues études, et non le résultat de vulgaires observations.

La convalescence est donc encore une tâche imposée à la prudence du Médecin véritablement ami de l'humanité, car son insouciance à cet égard et l'abandon du Malade à lui-même, dès que le péril est passé, compromet le succès de la guérison, d'autant plus, que le convalescent, croyant hâter son retour à la santé, s'affranchit le plus possible du régime diététique, si nécessaire pour consolider son rétablissement; et que la perfide complaisance d'une garde-malade, croyant doubler les forces du convalescent par une nourriture abondante, ou très-analeptique, alimente de nouveau les germes de la maladie, ou en fait naître une nouvelle d'autant plus difficile à guérir, qu'il n'y a plus les mêmes ressources.

Le régime diététique est d'absolue nécessité pour assurer le retour de la santé. Si le corps profite en raison des alimens accordés dès les premiers momens de la convalescence, c'est une preuve certaine que les facultés digestives sont bien rétablies; alors le Médecin gradue la quantité et la qualité de la nourriture, en proportion de l'accroissement des forces, et non pas toujours proportionnellement à l'appétit, car, après certaines maladies, il est souvent déréglé et bien au-delà des forces digestives.

Il faut apprendre au Convalescent qu'il doit retarder le plus possible l'exercice des facultés intellectuelles, s'il veut les retrouver bonnes ; se refuser long-temps aux plaisirs de la table et encore plus à celui du culte de *Vénus*, dont l'ajournement, après de fréquentes possibilités, complettera sa convalescence, et assurera la faculté de se livrer par la suite, avec sécurité, à cet acte, dont l'usage trop hâtif peut le précipiter au tombeau ; il faut le persuader qu'une pareille libation ne doit jamais être que de l'excédent de ses forces, et qu'il doit l'abandonner à la seule nature ; car le moindre effort de sa part tuerait le moral, s'il ne tuait pas le physique.

Le Médecin prudent ne doit donc pas borner ses soins précieux aux seuls dangers que présente la maladie, il doit encore les étendre sur la convalescence qui ne peut devenir très-heureuse que par les conseils qu'il donnera suivant *l'âge*, *le sexe*, *la nature de la maladie*, *le tempérament du malade*, *ses habitudes* et *ses affections morales*, comme aussi suivant le *climat* et la *saison*; rien ne doit être négligé de la part du Médecin philantrope.

C'est ainsi que l'Homme instruit ennoblit l'une des plus belles fonctions qu'il puisse exercer; car s'il est une Profession qui porte avec soi un caractère de bienfaisance, c'est, sans contredit, celle qui soulage l'humanité souffrante.

Qu'ils sont heureux, ceux qui parviennent à rappeler à la vie les êtres qu'ils trouvent aux prises avec la mort! Quelle satisfaction n'éprouvent pas les Accoucheurs, quand, dans des cas extraordinaires, ils parviennent à conserver la vie aux deux êtres qui sont confiés à leur intelligence et à leur dextérité!

Que de services le Médecin et l'Accoucheur ne rendent-ils pas à leur patrie, en conservant une épouse à un mari, en rendant des pères et mères à des enfans, et à des pères et mères des enfans qui feront un jour leur bonheur et la gloire de cette patrie!

Enfin, après avoir triomphé de la maladie et souvent de la mort, loin de regretter les inquiétudes et les

peines auxquelles les livre l'état qu'ils
ont embrassé, ils se félicitent de leurs
longues études, des nombreux sa-
crifices qu'ils leur ont faits; et, dans
leur satisfaction, ils remercient l'Auteur de la Nature de les avoir portés
vers ces Sciences, de préférence à
toute autre.

Nous nous arrêtons à cette es-
quisse du tableau des Médecins et
Accoucheurs, vraiment amis de l'humanité.

De toutes les choses les plus nécessaires à la vie, la nourriture est la
seule sur laquelle on ait écrit avant
Hippocrate, qui s'est occupé des
autres objets qui entretiennent ou
détériorent la santé; il est le premier
qui nous ait laissé des préceptes pour
user convenablement des choses les

plus naturelles, que nos Anciens ont nommées, on ne sait pourquoi, non naturelles, savoir : *l'air, l'exercice, le repos, le sommeil, la veille* et *les évacuations* de toutes matières grossières et superflues, soit par la transpiration, soit par les déjections.

En faisant connaître à nos Lecteurs le mode et les temps les plus propres à l'usage de ces choses, que nous regardons comme très-naturelles et très-nécessaires à l'art de se bien porter, nous nous acquittons du devoir imposé à tout Homme honnête et sensible, *et nous nous engageons à les rendre régulateurs de leur santé*, par un genre de vie que nous croyons indispensable à un certain âge.

Pour qu'ils parviennent facilement à cette possibilité, nous entrons dans tous les détails utiles sur les choses de première nécessité pour se conserver sain et bien portant, science qu'*Hippocrate* a nommée *Hygiène;* de là nous passons à la *Gérocomie.*

Comme les Passions ont une grande influence sur l'état de bien ou mal-être habituel, et sur les digestions si nécessaires à la bonne santé, nous ajoutons les préceptes que nous avons reconnus les plus propres à faire éviter celles qui peuvent tuer, ou altérer seulement la santé, et par la modification que nous donnons aux autres, nous les faisons concourir à la conservation de l'existence et au perfectionnement de cette santé.

Nous donnons ensuite les moyens de prévenir les Maladies, quand l'ordre de l'économie humaine commence à se déranger; science que nous appelons *Médecine prophylactique*. Après quoi nous indiquons les Remèdes propres à guérir celles que l'on n'aura pu ni prévenir, ni éviter, et pour lesquelles on peut se passer du Médecin; cette science est la *Médecine curative*.

Nous indiquons aussi les Remèdes et les Procédés qui peuvent soulager le Malade, en attendant le Médecin, dans les cas où l'on ne peut éviter sa présence.

———

Comme la lecture d'un Ouvrage didactique est ordinairement ennuyeuse pour la généralité des

Humains, spécialement pour LES DAMES (*qui trouveront ici une règle de conduite pour éviter la perte entière de leurs charmes, à l'époque où la Nature les prive d'un des attributs spéciaux de leur sexe*), *nous avons cherché à les garantir de la monotonie inévitable dans un pareil travail, par quelques traits historiques, par des passages versifiés et analogues à cette Science. A cet égard, nous avons mis à contribution nos meilleurs Poètes.*

DISCOURS

DISCOURS

PRÉLIMINAIRE.

LES quatre Epoques dont la vie humaine est composée, sont dans leur succession nuancées de manière, qu'elles ne sont pas également marquées chez les différens sexes.

Quoique la puberté soit très-sensible chez les garçons, elle n'est pas sujette aux orages qui tourmentent une partie des jeunes filles au moment de la nubilité : l'intervalle depuis la puberté jusqu'à la vieillesse s'écoule par des gradations si douces, que leur transition est presque insensible chez ceux qui n'ont point abusé de leur jeunesse. C'est ainsi que l'homme parvient à l'automne de sa vie, époque à laquelle le sage doit, pour entretenir sa santé, prendre tous les ménagemens que la prudence suggère, afin de jouir avec satisfaction du reste des jours que la Providence lui a départis.

Telle est la volonté du Créateur qui, pour nous forcer à veiller à notre conservation, nous fait sentir nos besoins, et par la douleur, sans cause extérieure, nous avertit que le mécanisme de notre nature se dérange, et qu'il faut que nous nous occupions de faire cesser ce désordre ; ce que *Voltaire* a si bien dépeint dans les vers qui suivent :

Ah ! dans tous vos Etats, en tout temps, en tout
    lieu,
Mortels, à vos plaisirs, reconnaissez un *Dieu.*
Que dis-je, à vos plaisirs ! C'est à la douleur même,
Que je connais de *Dieu* la sagesse suprême ;
Ce sentiment si prompt, dans nos cœurs répandu,
Parmi tous nos dangers, sentinelle assidu,
D'une voix salutaire, incessamment nous crie :
Ménagez, défendez, conservez votre vie.

Quoique nous ne devions nous regarder dans ce monde que comme des voyageurs, il n'en faut pas moins rendre

notre passage le plus agréable possible.
Quand nous arrivons dans une auberge ,
ne fût-ce que pour y passer la nuit, nous
aimons à nous y arranger le moins mal :
agissons donc de même pour le séjour
qui nous est accordé ici-bas.

Jouissons de notre *raison*, de notre
industrie et de nos *talens*, pour conserver
le bien le plus précieux qui nous est
donné , *la santé* : car c'est elle qui rend
le lit agréable, le sommeil rafraîchissant,
et qui renouvelle nos forces avec le lever
du soleil ; c'est elle qui donne des charmes
aux formes et inégalités de notre corps.
C'est la santé qui nous fait de l'exercice
un plaisir toujours nouveau ; c'est elle
encore qui multiplie les qualités dont
notre ame est ornée ; c'est par elle enfin
que cette ame se plaît dans la maison
qu'elle habite.

D'après tous les agrémens que nous
procure la santé , nous ne devons rien
négliger pour sa conservation, où pour
son rétablissement lorsqu'elle nous a
abandonnés. Il est de notoriété générale

que son absence entraîne la privation de tous plaisirs. Le riche, au sein de son opulence, ne connaît plus les douceurs de la vie dès qu'il a perdu la jouissance de ce trésor.

> Pope l'Anglais, ce sage si vanté,
> Dans sa morale, au Parnasse embellie,
> Dit que les biens, les seuls biens de la vie,
> Sont le *repos*, l'*aisance* et la santé.

Descartes, dont la santé était faible, en reconnut tout le prix; et l'importance de conserver ce premier bien était devenue telle à ses yeux, qu'il écrivait au père *Mersenne :* « Je n'ai jamais eu tant de soins de me conserver que maintenant. Je pensais autrefois que la mort ne pouvait m'ôter que trente ou quarante ans; je vois aujourd'hui qu'elle ne saurait me surprendre sans m'enlever l'espérance d'un siècle, car il me semble voir évidemment que si nous nous gardions de certaines fautes que nous avons coutume de commettre au régime de notre vie, nous pourrions, sans autre invention, parvenir à une vieillesse beaucoup plus longue et plus heureuse (1). »

Il y a différens degrés de santé, car, comme elle peut être parfaite, elle peut aussi être faible, délicate et chancelante. Il y a un mode de santé particulièrement affecté à chaque espèce de tempérament; il dépend de l'action des fluides sur les solides, et de la réaction des solides sur ces fluides. La parfaite réciprocité entre ces deux mouvemens rend l'exercice des fonctions vitales facile et exacte. Voilà ce qui constitue la parfaite santé; mais si la réaction des solides ne répond pas à l'action des fluides, les secrétions ne se feront pas avec la même précision; de - là la santé

(1) DESCARTES, qui n'ignorait pas combien les passions influent sur la santé, s'appliqua sans cesse à les régler; mais sa philosophie et son régime ne lui réussirent pas aussi bien qu'à *Fontenelle* qui a vécu près d'un siècle, tandis que *Descartes* mourut âgé de 54 ans seulement, pour s'être opposé à une saignée qui avait été jugée nécessaire à sa guérison.

sera chancelante : si l'action des fluides
est faible, la réaction le sera aussi, alors
toutes les fonctions vitales languiront, et
les secrétions n'auront lieu que faible-
ment ; cet état constitue une santé délicate que le plus petit excès dans l'exercice,
comme dans la nourriture, peut détruire.

La tristesse et les inquiétudes insépara-
bles de l'état de souffrance sont la preuve
la plus certaine, qu'il n'y a pas de bien
plus réel que la santé, et qu'elle est la
source de la joie la plus vive et la plus
vraie.

S'il est un âge où la fougue des passions
entraîne l'homme malgré lui, où elle se
fait sentir avec une véhémence qui ne permet aucun frein, où les desirs troublent
sans cesse la paix de l'ame, où un desir
satisfait en fait naître un autre, où la raison toujours flottante et préoccupée des
desirs du bonheur embrasse toujours le
mauvais parti, où continuellement subju-
guée par l'imagination elle est obligée de
lui céder l'empire ; et enfin où le sage a
besoin d'une volonté armée et soutenue

de tous les efforts de sa raison pour dompter , modifier et régler ses 'passions , le temps dans sa course rapide en amène un autre où l'homme n'est plus tourmenté que par celles qu'il veut bien conserver et entretenir :. cet âge est *son automne.*

Les années ayant diminué la fougue du sang et l'activité du principe vital, le corps ne recevant plus que la séve nécessaire à son entretien , cette séve étant moins active, l'esprit se replie sur lui-même , et la raison à l'aide de l'expérience lui fait connaître qu'il doit éviter les excès qui lui ont fait courir mille dangers : en un mot il sent qu'il doit s'appliquer à conserver ce qui lui reste de santé , ou à la réparer si elle est dérangée, pour parvenir sans infirmités à l'hiver de sa vie.

Quand on veut se maintenir en bonne santé , il faut d'abord être moralement heureux. La première condition pour vivre moralement heureux , est de jouir de la paix de l'ame, de n'avoir aucune passion qu'on ne puisse raisonnablement satisfaire ; il faut donc à cet âge être sans *amour sensuel*, et sans ambition, comme le dit *Voltaire* :

Deux démons, à leur gré, partagent notre vie,
Et de son patrimoine ont chassé la raison.
Je ne vois point de cœur qui ne leur sacrifie ;
Si vous me demandez leur état et leur nom,
J'appelle l'un l'*Amour*, l'autre l'*Ambition*.

Ailleurs il dit encore :

Modérons-nous, surtout dans notre ambition,
C'est du cœur des humains, la plus grande passion.
Tout vouloir est d'un fou, l'excès est son partage ;
La modération est le trésor du sage.
Il faut régler ses goûts, ses travaux, ses plaisirs,
Mettre un but à sa course, un terme à ses desirs.

Oui ! mais c'est après avoir honorablement parcouru notre carrière et rempli nos obligations envers la Patrie, qu'il nous est permis de penser à la retraite, et que nous la conseillons à l'homme sage, qui doit, à propos, rompre avec les affaires. La prudence ne veut pas que, par un fâcheux retour, il se hasarde à perpre les avantages qu'il peut avoir acquis.

Il verra qu'il est bon de vivre enfin pour soi,
Et vivre avec plaisir, sans faste et sans emploi.

(25)

C'est le cas de suivre l'avis que *Sénè-que* donne à son ami *Paulinus*, tréso-rier du gouvernement, en lui disant : « Je ne vous invite pas à vous livrer à l'indo-lence et à la paresse, je ne vous conseille pas d'ensevelir dans le sommeil et les vo-luptés si chères au commun des hommes, toute l'activité de votre ame, ce n'est pas là jouir du repos : sans le troubler, vous trouverez à vous occuper d'affaires im-portantes. Songez que vous vous êtes as-sez fortement appliqué, dès vos premières années, à des études nobles et intéres-santes, pour qu'on eût de vous les plus hautes espérances : cherchez donc un asyle dans des occupations paisibles et plus relevées. Il est honteux, à un vieil-lard, de succomber au milieu des travaux, de mourir en calculant son argent, et d'apprêter à rire à un héritier qu'on a fait long-temps attendre. »

Ni l'or, ni la grandeur ne nous rendent heureux ;
Ces deux divinités n'accordent à nos vœux
Que des biens peu certains, qu'un plaisir peu
    tranquille :
Des soucis dévorans, c'est l'éternel asile,

Véritable vautour que le fils de Japet
Représente enchaîné sur son triste sommet.
L'humble toît est exempt d'un tribut si funeste ;
Le sage y vit en paix, et méprise le reste ;
Content de ses douceurs, errant parmi les bois,
Il regarde à ses pieds les favoris des *Rois* ;
Il lit au front de ceux qu'un vain luxe environne,
Que la fortune vend ce qu'on croit qu'elle donne.

Avec le flux et le reflux de joies, de chagrins, d'adversités, de craintes et d'espérances qui balottent sans cesse les hommes en place, qui peut se flatter de jouir d'une félicité constante ? Jetons les yeux autour de nous, et nous verrons que si on peut être heureux, ce n'est que dans la médiocrité.

THALÈS de *Milet*, le premier des sept Sages de la Grèce, répondit à la question :

Que faut-il pour être heureux ?

« Avoir un corps sain, une fortune aisée, un esprit éclairé. »

ROUSSEAU, le poète, a dit :

Une ame libre et dégagée
De préjugés contagieux,
Une fortune un peu rangée,
Un esprit sain, un corps joyeux,

Et quelque prose mélangée
De vers badins, ou sérieux,
Me feront trouver l'Apogée
De la félicité des Dieux.

Nous croyons qu'il faut encore l'absence de toute passion forte, et sa propre estime qui est le besoin le plus vif pour une ame honnête, et sans laquelle on ne peut être ami de soi-même, car si l'estime publique suffit pour la gloire, elle seule ne peut procurer le bonheur. Un malhonnête homme a pu être assez adroit pour faire briller quelques lueurs d'équité et de sagesse, pendant que son ame était livrée à l'injustice et à la déprédation; il peut être assez heureux pour que ses malversations soient restées secrettes, et ainsi, avoir usurpé cette estime publique qui s'accorde souvent par enthousiasme, et dont il se glorifie, tandis qu'il ne peut descendre dans son cœur, sans rougir : c'est cependant là que tout l'homme réside; c'est là uniquement qu'il doit trouver son repos et son bonheur.

Indépendamment de ce que nous avons

déjà indiqué, pour parvenir au bonheur moral, il faut aussi se roidir contre le desir de montrer de l'esprit et de la science ; car faire paraître l'un ou l'autre est une source féconde de chagrins, parce que la *jalousie* et l'*envie* sont bientôt suivies de la *haine*, puis leur quatrième sœur la *calomnie*, galoppe sur vos pas, et entraîne après elle les maladies physiques, comme les morales.

. . . .

On entre en guerre en entrant dans le monde.
Hommes privés, nous avons nos jaloux
Rampans dans l'ombre, inconnus comme nous,
Obscurément tourmentant notre vie ;
Hommes publics, c'est la publique envie,
Qui contre nous lève son front altier.
Le coq jaloux se bat sur son fumier,
L'aigle dans l'air, le taureau dans la plaine ;
Tel est l'état de la nature humaine.
Que faire donc, à quel saint recourir ?
Je n'en sais point, il faut savoir souffrir.

L'ambition de l'esprit est aussi active et aussi dévorante que celle des richesses. Vous savez que l'action du moral sur le physique, est souvent plus puissante, que la réaction du physique sur le moral. La passion d'avoir de l'esprit s'affaiblit comme celles du cœur ; de cet état naît un calme que nous devons plus à la fatigue qu'à nos réflexions : ce calme est celui du bonheur.

Pour devenir moralement heureux, il faut aussi se garder d'être courtisan, quand on n'est pas né dans cette classe ; il faut donc suivre, pour cet objet, le sage avis du poète :

Heureux qui, satisfait de son humble fortune,
Libre du joug suprême où je suis attaché,
Vit dans l'état obscur où les Dieux l'ont caché !

Voulez-vous parvenir à une félicité aussi complette qu'elle peut l'être ? Rendez-vous maîtres de tous les mouvemens de votre ame, recherchez une véritable ataraxie, au point que les injustices et les injures ne puissent vous affecter, ni vous chagriner. Que dans l'adversité, comme dans la prospérité, votre ame tienne une marche égale ; modeste dans la seconde, que la première ne vous trouve pas trop sensible : si vous vous écartez de ce principe, le bonheur a fui.

Méprisons tout ce que peuvent dire de nous les méchans et les impudens, soyons bien convaincus qu'il n'y a que des gens de cette espèce qui puissent chercher à nous nuire, et à nous faire injure.

Les insultes et les honneurs doivent être mis au même rang, il ne faut ni s'affliger des uns, ni se réjouir des autres : car la versatilité est tellement inhérente à la race humaine, que tel qui nous blâmait hier, nous loue aujourd'hui, et que celui qui nous méprise aujourd'hui, demain nous admirera.

N'éprouves-tu que fourbe et trahison?
Montre dans ce conflit la plus mâle raison.
Faut-il, si des jaloux le seul dépit te blâme,
Leur céder le triomphe et dégrader ton âme.

A Sparte, une des prières que l'on adressait aux dieux, était de donner la force de supporter l'injustice. Pour quoi ne ferions-nous pas aujourd'hui la même demande à l'*Être suprême*, qui seul peut nous l'accorder? Il faut nou smettre au dessus de la crainte et du chagrin qui pourraient nous faire oublier nos devoirs:

n'allons pas présenter une ame faible et craintive aux traits de la calomnie. Souvenons-nous de cette vérité :

> Le peuple loue et condamne au hasard
> Toute vertu, tout mérite et tout art.
> L'ombre de *Pope* avec les *Rois* repose,
> Un peuple entier fait son apothéose,
> Et son nom vole à l'immortalité :
> Quand il vivait, il fut persécuté.

Suivons toujours notre conscience qui ne nous laissera rien faire de mal quand nous la consulterons, et ne nous croyons pas exempts de blâme dans les meilleures actions, car ce qui plaît à l'un déplaît à un autre, et souvent en irrite un troisième. L'organisation et l'intelligence des hommes sont si variées, qu'à peine dix sur mille peuvent voir et saisir une chose de la même manière ; ainsi attendons-nous donc à être blâmés. Ce mal est moins fâcheux pour ceux qui y sont préparés, que pour celui qui, connaissant peu le cœur humain, est persuadé qu'on ne peut jamais attaquer sa conduite.

Quel homme a réuni sur lui tous les suffrages?
L'auteur le plus parfait, des plus parfaits ouvrages,
Fut en butte aux jaloux, et la société,
Dans un meilleur état, n'a jamais existé.

La plus grande punition d'un homme qui nous calomnie, est de savoir que nous n'y sommes pas sensibles, car le plus léger mouvement de colère ou de chagrin est un sujet de joie pour un ennemi. Soyons certains que le premier moyen pour couler des jours heureux, est de savoir se maî-triser.

En renonçant ainsi à toute espèce de vengeance, laissons à un autre moins pa-tient le soin de punir l'insolent et l'in-juste, parce que cette espèce d'hommes n'attaque pas seulement un individu, mais tout autant qu'il en rencontre, dont le mérite lui porte ombrage : malheur à ceux qui se trouvent sur son chemin ! Tel le serpent irrité, il lui faut une victime sur laquelle il puisse verser son venin.

Nous croyons avoir indiqué tout ce qui peut, au moral, contribuer à la conser-vation de la santé ; mais on nous demande maintenant :

maintenant : *Où l'homme peut-il jouir de cette tranquillité d'ame et de ce bonheur moral?*

Dans tous les temps, dans tous les pays, à tout âge, et malgré les regrets qu'occasionne la fuite des belles années, c'est spécialement aux approches de la vieillesse.

Le vrai bonheur de l'homme sage est le *bonheur domestique*. C'est au sein de sa famille qu'est la véritable existence de l'être raisonnable, il n'est réellement heureux ou malheureux que dans sa maison, selon la femme qu'il s'est choisie, ou qui lui a été donnée ; c'est là qu'une épouse vertueuse concentrée dans son affection, après avoir rempli les devoirs de la maternité, l'attend ; c'est là où il trouve une amie sincère qui sait que l'Auteur de la nature l'a destinée à être en tout temps la compagne fidelle qui, dans tous les âges et dans toutes les circonstances, doit faire la consolation et le bonheur de l'homme.

Qu'une disgrace, ou qu'une infortune arrête le cours de la prospérité d'un homme en place, qu'une proscription menace sa liberté, c'est dans ses foyers qu'il trouve cette amie courageuse, dont le sentiment délicat double l'éloquence et lui fait tout braver pour conjurer l'orage qui gronde.

S'il lui survient une maladie, c'est encore dans ses foyers qu'il retrouve cette précieuse compagne, qui jour et nuit restant au même poste, s'oublie elle-même pour être toute entière à la santé de son époux, et qui, bravant toute fatigue, ne connaît de repos qu'au moment où le péril est passé : c'est là enfin où une femme, les yeux pleins de larmes, dont elle suspend le cours, trouve encore un sourire pour détourner l'idée de cette loi que la nature impose à tous ; et que, près du lit de mort, ses mains guidées par le sentiment d'un amour religieux, pressent encore sur son sein cette tête chérie, et qu'elle paye à la sensibilité le dernier tribut du devoir conjugal.

INTRODUCTION.

Les procédés physiques qui contribuent à la conservation de la santé, sont plus nombreux que les moraux, et nous forcent à remonter presque à l'origine de l'homme, qui est perdue dans la nuit des temps. Nous n'avons aucun monument de son premier état; mais sans crainte de nous tromper, nous pouvons conjecturer qu'il fut dans son commencement sans connaissance et sans art, et que, conduit par son seul instinct, il fit long-temps des expériences sans s'en douter, et qu'il goûta souvent des fruits et des plantes sans être certain qu'ils convenaient à sa nature. De toutes les maladies qui affligent l'humanité, aucune ne lui est essentielle; elles sont acquises par sa faute et pour avoir résisté à la voix de la nature : c'est l'abus qu'il fit par la suite des temps , de toutes choses, qui fit naître une foule de maladies qui n'existeraient point s'il eût toujours vécu raisonnablement.

La vieillesse, avant cent ans, est une vieillesse anticipée et occasionnée par une continuité de fautes dans la conduite et par la fougue des passions, car l'homme qui a été constamment sage, et qui meurt réellement de vieillesse, s'éteint et n'est point infirme long-temps avant de mourir : nos ancêtres dégénérés par les fautes de leur régime, nous ont transmis leur dégénération que nous augmentons encore par nos fautes avant de la communiquer à nos descendans.

Nous savons que le premier homme, après sa·désobéissance aux ordres du Créateur, fut condamné *à manger son pain à la sueur de son front, ou à ne vivre que de l'herbe des champs.* C'est vraisemblablement d'après ce passage de la *Genèse* qu'*Hippocrate* enseignait qu'au commencement du monde, l'homme se nourrissait des mêmes alimens que les brutes ; et que de l'usage de ces alimens grossiers et indigestes naquirent une

grande quantité de maladies qui ont affaibli et fait dégénérer la race des humains.

Il nous paraît qu'*Hippocrate* s'est
trompé dans ses conjectures sur la première nourriture des hommes, car ils
avaient des animaux dont le lait leur fut
une nourriture salutaire. Nous croyons
que c'est plus l'abus qu'ils firent des divers alimens et boissons, après qu'ils en
e urent fait la découverte, qui changeaeant
la diathèse primordiale de l'homme, le rendit maladif, puisque tous les anciens his-
toriens nous attestent la longévité des premiers Patriarches qui vécurent, disent-ils,
près de mille ans.

La chronologie de l'Histoire Sainte dit
qu'*Adam* a vécu 930 ans. *Seth*, sou premier fils, est mort âgé de 912 ans. *Énoc*
est mort à l'âge de 905 ans. *Matusala*
poussa sa carrière jusqu'à 969 ans. *Noë*,
âgé de 600 ans, lorsqu'il s'enferma dans
son arche, est mort à près de 930 ans.

Soit que la manière de compter ou de
former les années ait reçu un nouveau
mode peu après la mort de ce Patriarche,
soit que l'abus du vin qu'il avait trouvé,

eût dès-lors altéré la constitution humaine, nous voyons que peu après cette
mort, les hommes perdirent beaucoup
de cette longévité antérieure au grand
événement du déluge; car en continuant
de compulser la même chronologie, nous
trouvons que *Sem*, quoique béni par son
père *Noë*, n'a vécu que 600 ans. *Salé* est
mort âgé de 433 ans. *Tharé*, père d'*A-
braham*, n'a pas passé 275 années. *Abra-
ham* est mort aveugle et fort vieux, âgé
de 180 ans. *Jacob*, son fils, n'a vécu que
147 ans.

Moïse, ce célèbre législateur du peuple
de Dieu, n'a pas poussé sa carrière au-
delà de 120 ans; il expira après être des-
cendu du mont *Nabo*, d'où Dieu lui ap-
parut, et lui fit voir la terre promise.

David mourut âgé de 70 ans seulement.

Salomon, son fils, n'a existé que 58
ans; mais il y a lieu de croire que c'est
autant l'abus qu'ils firent des femmes, que
leur intempérance, qui contribuèrent à la
mort prématurée de ces deux *rois*.

L'objection qui se présente le plus naturellement à l'esprit contre cette longue

vie, est que les hommes du premier âge ne faisaient pas leur année aussi longue que la nôtre ; mais aussi nous pouvons croire que leur sobriété, le petit nombre d'alimens, et leur préparation plus saine, leurs passions moins nombreuses et moins actives que les nôtres, devaient prolonger leur santé et leur existence. Témoins ces Patriarches, de la longévité desquels nous ne devons pas douter, et qui se nourrirent de lait, de miel, de fruits, et dont la boisson ne fut que de l'eau

La découverte de *Noë* apporta vraisemblablement, par la suite des temps, un grand changement dans la constitution humaine, par l'abus que les hommes firent des vins et liqueurs fermentées, ainsi que des différens alimens dont les préparations devinrent de plus en plus si attrayantes, qu'elles firent naître la gourmandise, aujourd'hui si familière à notre nature, et si nuisible à notre santé.

Noé, ce Patriarche cultivateur, trouva le vin sans le chercher : c'est ainsi que les premiers hommes acquirent la majorité de leurs connaissances. *Noë* ignorait les qualités de cette boisson, dont l'essai lui coûta momentanément la perte de sa raison. Il est vraisemblable qu'il avait souvent mangé du raisin, auquel il n'avait reconnu aucune qualité malfaisante. Il ne pouvait prévoir que la fermentation donne à la liqueur de ce fruit, un spiritueux qui a la funeste propriété de troubler la raison, pour peu qu'on en boive trop ; mais qui, prise modérément, est une boisson salutaire (1).

Les premiers humains, enfans de la nature, antérieurs à toutes sciences, à tous événemens, vécurent long-temps sans arriver à des résultats favorables ; il leur fallut nécessairement des essais multipliés qui leur donnassent la connaissance, non-seulement des propriétés de leurs organes digestifs, mais encore celle des choses qui convenaient le mieux à ces organes. Des expériences, sans s'en douter et sans nombre, leur dessillèrent enfin les yeux

(1) PLUTARQUE confirme le bon effet du vin, par le propos de *Lamprias*, son aïeul, qui disait : La chaleur du vin fait sur mon esprit le même effet que le feu produit sur l'encens.

et perfectionnèrent les moyens de vivre ;
et par suite l'esprit dégagé du soin des
premiers besoins, éleva l'homme à l'art
de comparer des faits, des idées, des
raisonnemens, et lui apprit à tirer des
plantes, des fruits, des animaux, le parti
le plus convenable à sa constitution et à
ses facultés digestives.

Par la suite des temps, la nécessité fut
la mère de nouvelles recherches ; c'est
ainsi que les différentes branches de la
Médecine ont pris naissance, puisque
Hippocrate dit qu'ayant reconnu que les
alimens qui convenaient aux personnes
robustes, nuisaient aux faibles, à plus
forte raison aux malades, il trouva nécessaire de prescrire un régime différent
pour le rétablissement et pour la conservation de leur santé ; delà sont éclos ses
ouvrages sur la diète (1).

L'origine de la Médecine est si ancienne
que son berceau s'est dérobé à nos yeux.
Cette science était connue bien avant *Esculape*, auquel on en attribue l'inven-

____

(1) Diète ou Régime de vivre sont synonymes.

tion : il était élève du *Centaure Chiron*, l'un des plus célèbres chirurgiens de l'antiquité, qui lui donna toutes ses connaissances en Médecine comme en Chirurgie.

Tout porte à croire qu'un art aussi intéressant que la Chirurgie, est devenu utile dès l'origine du monde, et qu'il a dû précéder de beaucoup la Médecine ; mais dans ces temps-là, le même homme exerçait l'une et l'autre science ; et si l'on en croit un manuscrit de la bibliothèque de l'électeur, aujourd'hui *roi* de Bavière, des trois fils de *Noë*, deux furent médecins. *Sem*, dit-il, composa des traités sur la médecine, et fut père de la branche qui donna le jour à *Esculape*. *Cham*, dit aussi le même historien, avait gravé sur des pierres ce qu'il savait de médecine, et les transporta dans l'arche.

Plusieurs auteurs prétendent qu'*Esculape* est né à Épidaure, l'une des villes du Péloponèse, tandis que d'autres le croient originaire de Messinie, aujourd'hui *Moncenigo*, et qu'il alla s'établir à Épidaure, où on lui éleva un temple, et où il fut déifié pour les grands services qu'il rendit à l'humanité par ses connaissances en médecine.

La Médecine qui est l'art de conserver la santé, de la restaurer lorsqu'elle est affaiblie, et de la rétablir lorsqu'elle est altérée ou perdue, est spécialement le résultat de principes certains, d'observations bien faites, d'expériences sûres, méthodiques et bien dirigées, qui n'admettent rien de douteux.

La Médecine est une science sublime qui mérite mieux aujourd'hui des autels que dans l'antiquité, puisqu'elle peut contribuer à l'amélioration de la nature humaine, en modifiant ses passions par le changement qu'elle peut opérer sur les divers tempéramens dont elles émanent.

Notre grand philosophe *Descartes* avait conçu une très-haute idée de la médecine, car il dit(1): «L'esprit dépend tellement du tempérament et de la disposition des organes du corps, que s'il est des moyens de rendre les hommes plus sages, et plus spi-

____

(1) *Metho. dissertandi. VI , §. II.*

rituels qu'ils ne l'ont été jusqu'à ce jour , je crois que c'est dans la Médecine qu'il faut les chercher. » Que ne dirait-il donc pas aujourd'hui, où cette science a fait de si grands progrès ?

Le père *Bouhours*, dans son entretien d'*Ariste* et *Eugène*, ainsi que quelques autres physiologistes qui ont écrit depuis 1764, conviennent que les belles qualités de l'esprit procèdent d'une bonne constitution , d'une certaine disposition des organes ; et ils ont reconnu que les moyens de donner des dispositions à l'esprit dépendent de la qualité du sang des pères et mères (1).

Esculape, ce dieu de la Médecine , fut représenté la tête couronnée de laurier, comme fils d'*Apollon* , appuyé sur un bâton qu'un serpent entoure pour indiquer que la Médecine est le soutien de la santé , et aussi pour faire connaître qu'elle la re-

(1) Voyez à ce sujet l'*Art de procréer les sexes à volonté*, quatrième édition, seule enrichie de la Dissertation sur les moyens de donner à sa progéniture des dispositions favorables à l'acquisition de l'esprit.

nouvelle, et qu'elle rajeunit comme le serpent lorsqu'il change de peau ; mais aussi
pour démontrer que cette science doit être
exercée avec la sagacité, la prudence et la
discrétion dont cet animal était alors le
symbole(1). On voit quelquefois aux pieds
de ce dieu, *un chien*, emblême de la fi-
délité, souvent un *coq* pour désigner la
vigilence qu'elle exige ; d'autres fois on y
trouve une *tortue* qui indique que la nature veut qu'on opère comme elle, *lentement*, pour guérir sûrement.

Nous pouvons regarder *Esculape* comme le fondateur de la Médecine pratique,
qui après lui fut long-temps sans faire de
progrès sensibles ; elle devint alors une
branche de la philosophie et fut une des
principales occupations des amis de la sagesse, parmi lesquels *Pytagore*, *Empé-
docle* et *Démocrite* se distinguèrent : mais
ces philosophes se renfermèrent dans la
théorie de cette science, et la Médecine
pratique, ou d'expérience, resta dans une

______

(1) Toute l'antiquité a connu la finesse du
serpent.

espèce de stagnation jusqu'au temps d'*Ar-taxerxès*, *roi de Perse*, où *Hippocrate* natif de l'*île de Cos*, la fit revivre, et en fit une science très-salutaire aux humains.

HIPPOCRATE était homme d'un si grand mérite, qu'il jouit encore aujourd'hui d'une haute considération parmi les bons médecins. Nous devons le regarder comme le restaurateur et le *perfecteur* de cette science, parce qu'il rédigea en corps de doctrine toutes les observations de ses ancêtres, qui avaient puisé leurs connaissances chez les Babyloniens et les Égyptiens, peuples déjà savans dans l'art de guérir. On sait que les Grecs ne possédèrent cet art, que long-temps après les autres nations.

Nous sommes autorisés à croire qu'*Hippocrate* tira de leurs ouvrages, une partie des bons principes qu'il nous a transmis ; car *Prosper Alpin* dit dans son histoire d'Égypte : les anciens Égyptiens savaient fort bien la Médecine dogmatique qu'ils avaient appris du célèbre *Hermès*. Ils nous ont laissé sur cette matière beaucoup de choses très-savantes renfermées dans un livre qu'ils nommaient *Sife :*

d'ailleurs il est certain que ce peuple fut instruit par les *Assyriens*, les *Chaldéens* et les *Mages*.

Ce livre intitulé *Sife*, quoique soigneusement gardé, fut trouvé par *Mahomet II* qui, en 1453, fit la conquête de l'Égypte. Les principaux Turcs en prirent des copies et s'en servirent pour conserver leur santé et se guérir sans médecins, lorsqu'ils furent malades. De plus, ils trouvèrent les livres des médecins Arabes, tels qu'*Avicéne*, *Rasés*, *Avérhoés*, etc., dont ils firent usage; mais bien des siècles s'écoulèrent, et personne avant *Hippocrate* ne pensa à réunir leurs principes.

Cependant, à juger de la science médicale des Égyptiens par *Diodore de Sicile*, qui a voulu en donner une idée avantageuse, nous ne pouvons nous empêcher de voir qu'ils y étaient encore très-peu avancés; car cet historien dit: Ce peuple était dans l'usage de se purger, ou de se faire vomir deux ou trois fois par mois, pour se conserver en santé, bien persuadé que toutes les maladies sont causées par

un superflu de nourriture. On peut juger
par là combien est juste notre conjecture,
qui nous fait croire que la détérioration
de la santé et les nombreuses maladies qui
assiégèrent de plus en plus la race des humains, provenaient plutôt de l'abus qu'ils
firent des boissons fermentées et des nourritures, lorsqu'elles furent devenues suc-
culentes, que des premiers alimens qu'ils
recevaient des mains de la nature.

HÉRODOTE nous apprend qu'une loi obli-
geait les *Babyloniens* à porter leurs malades dans les rues et places publiques, et à
prier les passans de dire s'ils avaient vu
quelqu'un atteint des maux qui les tour-
mentaient, et s'ils savaient quels remèdes
on avait employés à leur guérison.

Rien de mieux pour ces temps-là, car
on n'avait point encore reconnu que la
même maladie ne peut être guérie par
les mêmes moyens, ni par les mêmes procédés, chez tous les différens individus,
parce que les *âges*, les *sexes*, et plus encore les *tempéramens* exigent une variété
de moyens et de remèdes que l'expérience

et

et la pathologie nous ont indiqués depuis ce temps : qui plus est, la même maladie ne peut souvent pas être guérie par les mêmes procédés chez les mêmes individus, lorsqu'elle se récidive à des époques éloignées.

Hippocrate a bien approuvé la loi des *Babyloniens*, puisque parmi ses préceptes aux médecins, il y en a un qui leur recommande de ne jamais regarder comme au dessous d'eux , d'interroger les personnes sur la manière dont elles ont été guéries ; et il ajoute qu'il est persuadé que c'est à ce moyen que l'Art de la Médecine doit son origine et ses progrès.

Strabon atteste que les Égyptiens adoptèrent cet usage qui ouvrit à la Médecine une vaste source de connaissances, parce que dit-il : Quand une personne riche était guérie d'une maladie grave, l'amour du bien public la décidait à faire élever à ses frais une pyramide, ou à faire placer dans quelque temple consacré à Esculape, une table sur laquelle on lisait les remèdes qui avaient été employés pour son rétablissement à la santé : il dit encore que c'est dans ces inscriptions dont le fameux temple de *Cos* était rempli, qu'Hippocrate a puisé les sublimes connaissances qui l'ont immortalisé.

MERCURIALIS nous apprend qu'on voyait à Rome , dans le palais *Maffei*, une des tables de marbre qui avait été tirée du temple que les Romains avaient élevé à *Esculape* dans l'île du Tibre.

HIPPOCRATE passe pour être le premier qui sépara la Médecine de l'étude de la Philosophie , et c'est de son temps que l'on fit de l'art de guérir deux parties distinctes , qui dès lors ne furent plus exercées par les mêmes individus , savoir la *thérapeutique* et la *chirurgie*. Celle-ci fut bornée comme elle l'est aujourd'hui à l'abscission et aux autres opérations nécessaires au corps humain , à la guérison des plaies et à la réduction des dislocations et fractures des parties osseuses.

Les deux fils d'Hippocrate , *Machaon* et *Podalire* , se distinguèrent dans cette partie de l'art de guérir , spécialement au

siége de Troye, où , selon *Homère*, ils furent d'un grand secours aux blessés parmi
les Grecs ; mais il ne dit pas qu'ils fussent
experts dans la guérison des maladies internes.

La thérapeutique, ou la Médecine pro-
prement dite, comprit dès-lors toutes les
maladies internes. Cette science fut divi-
sée en *pharmaceutique* et en *diététique*.

La pharmaceutique est la Médecine curative par l'administration des médicamens
préparés par les pharmaciens.

La diététique est l'art de guérir par le
régime. Cette partie excita beaucoup d'é-
mulation parmi un grand nombre d'hommes célèbres, qui poussèrent la théorie de
la Médecine beaucoup plus loin qu'elle
n'avait été portée jusqu'alors.

Jean Sérapion, médecin arabe, qui vi-
vait au IXe siècle, s'éleva contre ce genre
de science , soutint et prouva que pour
exercer la Médecine avec succès, il fal-
lait moins de raisonnement ou de théorie,
que de pratique et d'expérience ; ce qui
forma deux sectes de médecins , savoir les

empyriques médecins d'expérience , et
les *rationnels* ou raisonneurs; mais en
suivant les cures des uns et des autres , on
trouva que chacun d'eux guérissait également leurs malades. Depuis ce temps on
a reconnu que le raisonnement ne pouvait
que rendre l'application des remèdes plus
appropriée; en conséquence la bonne Mé_
decine d'aujourd'hui est composée de la
rationnelle et de l'empyrique, ou du raisonnement et de l'expérience ; car *Her-
mand Boerrhaave* promet dans la pré-
face de ses Instituts, qu'il ne donnera rien
pour certain , que ce qui sera prouvé par
l'expérience et un raisonnement invin-
cible. Ce célèbre Professeur est un des
guides de notre pratique.

Quant à la partie de la Médecine qui
traite des moyens de conserver la santé ,
elle fut inconnue jusqu'à Hippocrate qui
nous paraît le fondateur de cette précieuse
branche qu'il a nommée *Hygiène,* science
dont nous donnerons bientôt une ample
connaissance.

Nous devons une grande confiance aux

précepies de cet homme illustre , puisqu'il se conserva en force et santé suffisan-
tes pour exercer son art jusqu'à l'âge de
cent quatre ans auquel il cessa d'être. Ceux
qui suivirent et professèrent sa doctrine ,
tels que *Galien* , *Craton* , *Forestus* ,
Hoffman , *Haller* , *Vanswieten* et *Boerrhaave* sont tous morts octogénaires.

Puisqu'*Esculape* fut le dieu de l'ancienne Médecine , *Hippocrate* doit être
considéré comme le dieu de la nôtre. Il fut
assez bon citoyen pour communiquer à ses
contemporains, et par suite au genre humain ses grandes connaissances en Médecine qui étaient concentrées en lui et dans
sa famille , car il était le dix-huitième descendant d'Esculape du côté paternel et le
dix-neuvième d'Hercule du côté maternel.

Quand nous réfléchissons au temps où
il vécut , nous ne pouvons nous défendre
de la surprise que nous causent ses préceptes, d'autant plus précieux aujourd'hui,
qu'ils sont confirmés par l'expérience des
siècles et les écrits des meilleurs médecins et physiologistes qui se sont succédés.

Une partie de ces auteurs s'étant contentés de répéter ce qu'il a dit, nous ne parlerons que de ceux qui y ont ajouté quelques choses ; mais ils s'accordent tous sur ce point :

Les personnes qui parviennent à la plus grande vieillesse ont rarement été malades, et parmi ceux qui ont conservé leur santé, le plus grand nombre n'a usé des plaisirs qu'avec modération, et des choses nécessaires à la vie qu'avec sobriété. Ce qui confirme la bonté du précepte suivant :

Usons, n'abusons point ; le sage ainsi l'ordonne,
Je fuis également *Épictète* et *Pétrone.*
L'abstinence ou l'excès ne fit jamais d'heureux,
L'intempérance fait toujours des malheureux.

Les premiers mortels qui s'appliquèrent à l'art de guérir les maladies internes, trouvèrent, dans les productions les plus simples de la nature, les moyens de combattre les maladies qui affligeaient leurs contemporains ; mais à mesure que l'esprit humain se développa, que la civilisation s'accrut ; la manière de vivre , les passions, et avec elles les vices augmentant le nombre et la gravité des maladies, détériorèrent la diathèse primordiale de l'homme (1), alors les choses les plus simples ne purent suffire pour guérir ces maladies ; les médecins augmentèrent le nombre des médicamens, et en compliquèrent la composition. Chacun voulant faire mieux que ses prédécesseurs, ajouta à ce qui était déjà connu : c'est ainsi qu'ils sont parvenus à l'abus que nous connaissons.

Parmi le grand nombre des hommes

(1) La preuve de cette assertion existe dans la constitution des animaux, qui , ayant toujours vécu de même et avec la seule passion nécessaire à leur propagation, est restée la même, tandis que la nôtre s'est détériorée, d'autant plus que nous nous sommes plus abandonnés à nos déréglemens, et que nous avons fait un plus grand abus des choses nécessaires à notre existence, et spécialement de nos facultés régénératrices : oui , la dépravation des mœurs a fait dégénérer les hommes, et la dépopulation de la France a suivi cette dépravation.

qui se sont livrés à l'étude de la Médecine, les sages ont suivi et suivent encore les préceptes d'Hippocrate. Ils disent
qu'il faut employer peu de remèdes dans
le traitement des maladies: 1°. parce que
la nature et le régime en guérissent plus
que la grande quantité de remèdes, et la
complication des ordonnances, 2°. parce
que l'application des remèdes, pour les
maladies internes, étant difficile à bien
faire, le médecin est souvent exposé à se
tromper (1), 3°. parce que l'organisation
humaine s'accommode bien mieux de la
sagesse qui rend la Médecine inutile,
que des lumières du médecin.

*Quæramus igitur quod optimum, non quod
usitatissimum.*

Cherchons donc ce qu'il y a de mieux,
et non ce qui est le plus à la mode.

(1) Combien, par exemple, l'application des
remèdes qui conviennent à plusieurs maladies
n'est-elle pas difficile à faire, ainsi que celle des
différens remèdes qui conviennent à la même maladie.

Un philosophe a dit: Ayez soin de vous tenir la tête froide (1), les pieds chauds, et le ventre libre, vous vous porterez bien. Ces trois précautions contribuent effectivement à l'entretien de la bonne santé; mais on sait qu'elles ne suffisent pas.

Pour se bien gouverner et se maintenir en bonne santé, indépendamment de ce que nous avons conseillé pour le moral, il faut, pour le physique, connaître et pratiquer cette partie de la Médecine nommée *Hygiène*, qui seule peut suffire à l'homme assez heureux pour avoir reçu de ses parens une constitution saine et vigoureuse, pourvû qu'il ne lui survienne ni plaie, ni fracture, ni luxation.

Ainsi donc, nous allons revenir aux principes d'*Hippocrate*, dont nous ne pouvons trop admirer le génie et la bien-faisance. Lui seul a plus fait pour l'avan-

---

(1) Par tête froide, il entend le jugement sain, exempt des vapeurs d'une laborieuse digestion, ou de celles des liqueurs fortes.

cement de cette science merveilleuse,
que tous ceux des siécles précédens, puisqu'il est le premier qui en ait fait un
corps de doctrine, et qui ait donné des
préceptes clairs et intelligibles. Il a tout
vû, tout observé, et ses aphorismes res-
semblent plus à l'ouvrage d'un dieu, qu'à
ceux d'un homme; aussi dit-on encore,
Divin Hippocrate (1); en un mot nous
n'avons de grands hommes, en Médecine,
que ceux qui l'ont pris pour modèle.

Le médecin qui suit les principes d'*Hippocrate*, et qui reconnait dans la nature
un maître dont il étudie la marche, dont
il se contente de favoriser les efforts; qui

______

(1) Avec *la saignée*, de *l'hydromel*, de *l'oxi-
crat*, de *l'oximel*, des lavemens, des fomentations
chaudes et des purgatifs, *Hippocrate* guérissait les
maladies les plus graves. Boerrhaave ne demandait
que de l'eau, du vinaigre, du vin, de l'orge et une
lancette. *Sydenham* faisait une seule ordonnance
dans vingt visites qu'il rendait à son malade, et
cependant *Sydenham* guérissait, parce que la nature n'a besoin d'être aidée que d'un petit nombre
de remèdes.

ne la contrarie que quand il est bien certain qu'elle s'écarte de cette marche, et
qu'elle ne peut y revenir seule ; qui n'accorde rien au hasard que dans les cas
extrêmes, où il est plus sage de recourir
à des moyens incertains que d'abandonner le malade à une mort inévitable, *est
un homme recommandable et vertueux,*
car il fait tout le bien qu'il est possible
de faire.

INVOCATION

A

LA DÉESSE DE LA SANTÉ.

Bienfaisante divinité !
Toi, que, du couchant à l'aurore,
L'homme cherche, desire, implore,
Aimable et fragile Santé,
Toi, que Rome, dans sa puissance,
Sut mettre au rang des immortels,
Et qui vis orner tes autels
Des fleurs de la reconnaissance,

Redouble pour nous tes faveurs;
Que ton image sacrée,
Dans un nouveau temple adorée,
Reste l'idole de nos cœurs.
Fraîche et belle comme la rose,
Tu présides à mon sommeil,
Et sur la couche où je repose,
Je te dois le plus doux réveil.
C'est sur ta palette charmante,
Remise aux soins de la gaîté,
Que ta main vive et caressante,
Trouve le teint de la beauté.
Sous ton empire, la jeunesse
Voit éclore ses plus beaux jours,
Et tu ranimes la vieillesse
Du souvenir de ses amours :
Aux appas tu donnes la vie,
Tu donnes l'essort au génie,
Et lorsque le chagrin flétrit
Une âme en proie à la souffrance,
Tu rends la vigueur à l'esprit,
Et le bonheur à l'espérance.

LA GÉROCOMIE.

PREMIÈRE PARTIE.

DE L'HYGIÈNE,

ou l'Art de se conserver en bonne Santé.

L'Hygiène, le trésor du sage, est la partie de la Médecine qui a pour objet la conservation de la santé, les moyens d'en prévenir le dérangement, et les soins de conduire à une longue vie, en évitant les infirmités, parce qu'elle prescrit le mode d'user convenablement des choses les plus nécessaires à la vie. Cette science devrait être un objet d'étude pour une grande partie des hommes, et devenir la base de la vraie philosophie , car nous devons la regarder comme la médecine morale , puisqu'elle nous donne des lois pour modifier et tempérer la fougue des passions.

PLUTARQUE (ce philosophe grec, né à *Chéronée*) , quoiqu'il ne fut pas médecin, nous a laissé, sur la conservation de la santé, un discours trop intéressant pour ne pas vous en faire connaître une partie. Il trouve fort ridicule que les philosophes se donnent tant de peines, et s'appliquent avec autant d'attention à perfectionner leurs connaissances sur beaucoup d'objets qui leur sont étrangers , tandis qu'ils négligent de se connaître eux-mêmes (1).

(1) L'homme scrutateur de l'Univers connait tout dans la nature, excepté l'homme, par une raison péremptoire : c'est que la science de la nature humaine est une des plus difficiles et des plus longues à apprendre. *Hippocrate* l'a exprimé d'une manière bien précise, en disant : *Ars longa , vita brevis, occasio præceps, experimentum periculosum , judicium difficile.*

(63)

Les sages de la Grèce avaient pour objet de leurs études, *l'homme, ce qu'il
est, ce qu'il doit être, comment il faut
l'instruire et le gouverner.*

PLUTARQUE fait une grande apologie
de la partie de la Médecine qui conserve
la santé ; il fut un exact observateur des
préceptes d'Hippocrate ; et *Driden*, historien de ce philosophe, assure que cet
homme illustre se conserva sans déclin,
jusqu'à l'âge le plus avancé, et que jusqu'à la fin de ses jours il fut actif et robuste, grâce à sa prudente attention à se
ménager par un régime des plus sobres,
et un exercice convenable à son tempérament.

Ce philosophe veut que les personnes
qui se portent bien, s'accoutument cependant à vivre de régime, et quelques
fois de privations. Il conseille de ne boire
souvent que de l'eau, quoiqu'on ait du
vin à sa disposition, pour que la privation de cette liqueur soit moins sensible dans la maladie : en un mot il veut
que nous nous rendions maîtres de nous-

mêmes, jusqu'à nous plier à ne faire cas des choses qu'autant qu'elles sont nécessaires à notre santé.

Une observation de cet auteur est que les personnes maigres sont généralement celles qui jouissent d'une meilleure santé, d'où il est aisé de conclure que plus on fait bonne chair, plus on doit faire d'exercice, dans la crainte de trop engraisser.

Nous invitons les personnes parvenues à un âge mûr, à s'appliquer à la connaissance de leur tempérament, ainsi qu'à celle des choses qui y conviennent le mieux pour se bien gouverner et arriver le plus lentement possible à la vieillesse, car ce n'est pas toujours l'âge qui nous y conduit, mais bien les infirmités.

Sur mille personnes du même sexe et du même âge, on n'en trouvera pas cent qui doivent se comporter de la même manière. Il y en a de maigres, de grasses ; les unes sont d'une diathèse faible, d'autres d'une moyenne force, d'autres, enfin, d'une très-vigoureuse. Les unes sont d'un tempérament chaud, d'autres d'un tem-

pérament

pérament tout à fait opposé. Quelques unes sont bilieuses, d'autres phlegmatiques et pituiteuses. Les unes ont le ventre trop libre, d'autres trop serré et paresseux : conséquemment il faut faire cesser ces extrêmes, et c'est par une connaissance exacte de l'hygiène que l'on parviendra à corriger, par degrés, ces dispositions nuisibles à la bonne santé.

GÉNÉRALITÉS POUR TOUS LES INDIVIDUS.

Des divers Diathèses et Tempéramens.

Chaque individu parle de son tempérament ; presque personne n'en connaît bien ni la nature, ni la définition. Par le mot *tempérament*, nous ne devons entendre que l'aggrégation et le mélange des diverses substances dont nos corps sont composés, en un mot ce qui forme leur constitution qui est très-variée ; tandis que l'on entend souvent par le mot

tempérament, le produit et les divers effets de l'amalgame des substances qui
forment notre diathèse, en un mot la faculté plus ou moins grande que chaque
individu a de se régénérer. Nous observons que cette faculté reproductive n'est
pas toujours en raison directe de la force
du tempérament ; car des personnes d'une
diathèse ou constitution athlétique, sont
on ne peut pas moins favorisés de cette
possibilité, tandis que d'autres, d'une
constitution faible, jouissent à un degré
éminent de cette faculté, spécialement
celles menacées ou atteintes de la pulmonie : ces êtres sont le jouet de la nature quand ils s'abandonnent à son im-
pulsion relative à la reproduction, car
plus ils y travaillent, plus promptement
ils s'anéantissent.

Nos anciens expliquaient tous les phé-
nomènes de l'économie animale, par les
quatres premières qualités des substances
naturelles, c'est-à-dire par le *chaud*, le
froid, la *sécheresse*, et l'*humidité* : de-
là est né leur système des quatre tempé-

ramens primordiaux , auxquels ils en
ajoutèrent quatre mixtes, et un si également composé de toutes les qualités des
quatre premiers, qu'il pouvait être appelé
un parfait tempérament, un tempérament
par excellence.

L'observation a démontré qu'il ne peut
y avoir de tempéramens simples , et que
les mixtes ne le sont pas tous au même
degré; en conséquence on en a beaucoup
augmenté le nombre. Tant d'objets con-
courent à la formation de nos constitutions, qu'il y a presque autant de différens tempéramens, que d'individus. L'*origine* , le *sexe* , le *climat* , les *saisons* , les
qualités du sang , sont autant d'objets
variables qui apportent des différences
dans les constitutions, et qui donnent
mille nuances à la même espèce de diathèse : ensuite l'*âge* , les *divers états*, et
la manière d'y vivre amènent de si grands
changemens dans les constitutions primordiales, qu'elles sont presque aussi variées chez une même nation , que la taille
des individus qui la composent, de manière

que l'*idiosyncrasie* est plus fréquente qu'on ne le croit.

Causes de la diversité des Tempéramens.

La cause la plus efficiente des divers tempéramens, nous parait dépendre de l'activité du principe vital que chaque individu a reçu au moment de la fécondation, qui a donné au cœur une plus ou moins grande force ; elle dépend , en même temps , de la qualité et de la nature du fluide que forme ce viscère, et qui en entretient le mouvement, car le pouls de chaque individu nous indique l'état et la manière dont se comportent les fonctions vitales de chacun , et ce n'est que par la différence des mouvemens du cœur, que nous appelons *diastole* et *systole* , que nous pouvons bien connaître toute l'étendue et l'intégrité des fonctions naturelles, ou leur lésion , puisqu'un pouls habituellement élevé , *fréquent* , *tendu* et *rémittent* , indique un tempérament et un état de santé tout autre qu'un pouls lent, faible et souple : en un mot c'est par la *pérysistole* que nous jugeons de l'énergie ou de l'asthénie du cœur , conséquemment de celle du tempérament.

Le principe vital donne à chaque corps qu'il anime, un caractère particulier et spécifique : d'abord il lui communique la faculté de recevoir et de sentir les impressions d'une manière particulière à son organisation, et celle de réagir en conséquence de la force et de l'activité qu'il lui communique. Telle est l'origine des propriétés particulières à chaque individu , de sentir plus ou moins vivement les impressions du froid , du chaud , d'un stimulant ou d'un choc quelconque. Ce principe vital est, en outre, le seul moyen de la conservation des corps qu'il anime ; non-seulement il enchaîne toute l'organisation, mais encore il s'oppose aux effets destructifs, tant qu'il est supérieur : nous devons donc donner aux humains les moyens de le conserver , de l'entretenir, et même de l'augmenter dans de certaines circonstances, et c'est ce que nous nous proposons.

Le climat, le régime ou la manière de vivre, et l'âge ayant une grande influence sur la qualité du sang, doivent en avoir aussi sur le tempérament : de-là il est aisé de conclure que les différens tempéramens tiennent leurs propriétés des bonnes ou mauvaises qualités du sang. Il est facile de concevoir qu'on peut par l'*hygiène*, modifier et même changer les tempéramens, que, conséquemment, les personnes âgées doivent apporter un grand soin à la nature et à la qualité de leur sang, puisque c'est elle qui règle le mouvement du cœur, et que c'est de ce mouvement que dépend la bonne ou la faible santé.

SECTION PREMIÈRE.

De l'influence de l'Age sur les Tempéramens.

L'âge amène nécessairement de très-grands changemens dans les tempéramens, parce qu'avec le temps, les plus forts s'affaiblissent ; mais le régime bien dirigé, bien approprié à chaque, peut cependant retarder les funestes effets de ce tyran. A l'âge de la puberté, l'effervescence du sang est telle, qu'on peut dire qu'il bout chez la plupart des jeunes gens, leurs solides sont au plus haut période de leur élasticité et de leur ressort, aussi déploient-ils la plus grande vigueur; les fibres répondent alors avec énergie à l'affluence des fluides qui les heurtent sans cesse, en sorte que la systole est aussi forte que la diastole, et la pérysistole est très-courte : mais aussi les hémorrhagies, les fièvres ardentes, et toutes les maladies accompagnées de turgescence et d'inflammation sont le partage de cette belle saison de la vie.

Plus l'homme avance dans l'âge viril, plus il est à l'abri de ces orages. Plus le corps est parvenu à sa perfection, plus il exécute ses fonctions avec régularité. Il n'éprouve plus ces vicissitudes de chaleur, de violence, de sensibilité extrème, de relâchement, de pétulence et d'apathie, sa santé est plus rarement troublée,

alors il jouit plus amplement de lui-même ;
et s'il n'abuse point de cet heureux état,
c'est-à-dire, s'il ménage son principe vital,
s'il ne le prodigue , ni avant, ni après
le mariage , s'il se nourrit en raison de
ses forces digestives , s'il ne fait excès ni
du vin , ni des liqueurs fortes, et que par
un exercice modéré en raison de ses
forces , il élabore des sucs doux et moëlleux , il peut être assuré de prolonger sa
bonne santé, et de parvenir à un âge très-
avancé à l'abri de toute infirmité : mais
s'il s'abandonne à la force de son tempérament et à la fougue de ses passions, un
essaim de maladies chroniques assiégera
la dernière période de sa vie. L'*asthénie*,
les *catarrhes*, les *rhumatismes*, la *goutte*,
les *flux de ventre*, la *dysurie*, la *strangurie*, etc., le laisseront à peine jouir de
quelques jours de santé. C'est ainsi que,
avec le temps , l'âge influe plus ou moins
sur les tempéramens, et que les hommes
changent une excellente constitution primordiale en une médiocre, et souvent en
une très-mauvaise.

Nous observons fréquemment que l'homme est sauguin à sa naissance, la généralité même l'est excessivement ; mais pendant sa jeunesse, ce tempérament sanguin s'anéantit par le mauvais régime qu'on laisse tenir à la plupart d'entr'eux, et il disparaît à la puberté, par les fréquentes hémorrhagies du nez et par la prodigalité de leur principe vital.

SECTION II.

De l'influence du Sexe sur les Tempéramens.

La parfaite santé n'est que l'équilibre et l'harmonie exacte entre les solides et les fluides dont notre corps est composé, ce qui constitue le bon tempérament, d'où suivent une libre et facile circulation, et l'excrétion complette des parties superflues qui deviendraient nuisibles par leur rétention. L'état parfait de santé dépend donc de la proportion des fluides, de la qualité, de l'action des solides sur ces fluides et de l'action particulière à chaque individu, d'où il est évident que cet état ne suppose pas une manière uniforme d'être en santé dans toutes les personnes qui en jouissent, parce que chacune a son tempérament particulier plus ou moins composé, non-seulement par rapport à son âge, à son sexe, mais aussi parce que chaque sexe du même âge ne comporte pas le même tempérament, ni la même dose de force, conséquemment le même mode de santé.

Nous ne pouvons douter que la différence du sexe n'en apporte une dans le tempérament; mais cette différence vient de la diathèse ou constitution primordiale. Nous avons déjà dit que l'homme, en naissant, paraît plus disposé au tempérament sanguin qu'à tout autre. Dans ce moment, l'effet du sexe est nul, et l'est encore pendant plusieurs années, puisque les changemens très-sensibles qu'il apporte à la constitution ne se manifestent ordinairement qu'à peu près de douze à quatorze ans pour les garçons, et de quatorze à seize pour les filles : cependant, dès la troisième année, au plus tard, on distingue une fille d'un garçon par sa taille, ses traits, le son de sa voix, et la douceur de ses mouvemens ; ce qui nous prouve que les constitutions primordiales ne sont pas les mêmes dans les deux sexes.

Chez la jeune fille la fibre est d'un tissu moins ferme que chez le garçon, conséquemment, la réaction des solides sur les fluides n'a pu s'opérer avec la même énergie, ni par la même élasticité de cette fibre. Cette réaction ne répondant point à l'action première, diminue nécessairement d'intensité, selon les lois physiologiques, ce qui est très-peu sensible dans son commencement, mais quelque légère que soit alors cette différence, elle devient manifeste avec le temps, et plus le petit garçon s'accroît, plus cette différence augmente.

Les variétés que nous avons remarquées dès le premier âge dans les différens sexes, doivent s'entendre des mêmes constitutions comparées, et nous croyons qu'on ne peut prendre un objet plus juste de comparaison, que deux jumeaux de différens sexes.

On trouvera de la différence dans la constitution primordiale de ces deux individus, et cette différence deviendra, de plus en plus, sensible par l'accroissement de leurs personnes, quand même ces deux enfans seraient nourris par leur mère ou par la même femme : nous en avons déjà indiqué la cause. Les fibres de la fille étant, dès son origine, plus souples, plus délicates que celles du garçon, n'ont pu imprimer au cœur de cette fille la même intensité de mouvement qu'au cœur du garçon : de-là la délicatesse de ses organes, et la faiblesse continuelle de toutes leurs fonctions, comparativement à celle de son frère.

Si les constitutions primordiales sont les mêmes chez les différens sexes, nous demandons pourquoi le garçon devient plus fort, plus hardi, plus volontaire, plus courageux, que sa sœur qui reste timide, pusillanime et plus faible, quoique nourrie comme son frère ? Ces seules observations doivent nous convaincre de la différence des constitutions primordiales des différens sexes , et combien cette différence acquiert de force par le développement complet de l'individu mâle.

Instruits comme nous le sommes par l'expérience , que les diathèses de nos corps et leurs tempéramens diffèrent beaucoup les uns des autres , nous ne prescrirons rien de positif pour chacun, mais des généralités dont on pourra tirer le plus grand parti pour chaque différent ; car on sent qu'avec une modification en plus ou en moins, ce qui convient à un, peut convenir à d'autres, et nous conseillons à ceux (qui par leur inexpérience ne peuvent parvenir à reconnaître la nature de leur tempérament, ni ce qui lui convient, de consulter un médecin savant qui les dirigera , n'ignorant pas qu'il faut proportionner les différentes espèces d'alimens et différens degrés d'exercices aux complexions des personnes que l'on gouverne.

De tout ce que nous venons de dire, il

est aisé de conclure que chacun a sa manière de se porter bien , comme celle de
bien digérer , parce que chaque individu ,
quoiqu'ayant les mêmes viscères , ne les
a point au même degré de perfection ; il
en est de ces viscères comme des organes.
De-là on voit la nécessité pour chacun de
se comporter d'une manière différente afin
de parvenir au même but , et de bien connaître sa diathèse pour ne jamais rien faire
qui lui soit contraire. Il est encore facile
de conclure avec nous , qu'il y a différens
moyens physiologiques , physiques et mé-
caniques , pour régler les fonctions animales et en corriger les défauts.

Il est aisé aussi de conclure , que si malgré la course rapide du temps et l'abus de
sa première jeunesse , un homme viril
content de son tempérament voulait en
fixer l'instabilité, il y aurait des moyens d'y
parvenir ; puisque l'hygiène peut empêcher la dépravation du sang et des humeurs qui en émanent , elle peut donc
conserver l'intégrité d'un bon tempérament et en rétablir un qui serait altéré ,

ce que nous prouverons dans la suite de cet ouvrage. Un médecin intelligent peut modifier et changer des tempéramens dont on n'aurait pas lieu de se louer.

SECTION III.

Divers Moyens de modifier et perfectionner les Tempéramens.

Les personnes maigres pourront gagner de l'embonpoint, si en se nourrissant amplement selon leurs facultés digestives, elles évitent la dyspepsie, et si elles se livrent plus au repos qu'à l'exercice, si elles dorment longuement dans un bon lit, et spécialement si elles joignent à ces moyens la tranquillité de l'esprit.

Les personnes trop grasses pourront maigrir en ne faisant qu'un repas ou deux légers en 24 heures, et si elles boivent beaucoup d'eau acidulée, en prenant un exercice forcé, en raison de leur habitude, de leur âge et de leurs forces, et si elles couchent sur la dure et dorment peu.

On remédiera aux tempéramens pituiteux et relâchés, en leur faisant faire beaucoup d'exercice pour augmenter les transpirations, observant néanmoins le repos
d'abord après le diner. Le sommeil est
peu nécessaire aux personnes affectées de
ce tempérament, elles doivent se faire
frotter souvent avec des flannelles ou des
brosses appropriées à cet usage, afin de
ranimer la circulation dans les vaisseaux
capillaires extérieurs, et d'exciter une
abondante transpiration.

Les personnes de ce tempérament doivent préférer les viandes noires, elle doivent manger souvent du mouton et rarement du veau, elles doivent préférer les
pigeons, les perdrix, les oies, les ca-
nards, aux poulets et poulardes, le bœuf
maigre rôti leur convient beaucoup mieux
que bouilli. Les fruits cassans, ainsi que
ceux qui contiennent un peu d'acide,
comme les groseilles et les cerises aigres,
sont les seuls appropriés à ce tempérament
auquel les légumes farineux assaisonnés
avec un peu d'huile et beaucoup plus de

vinaigre

vinaigre conviennent parfaitement , en y
joignant l'oignon et la ciboule , en un mot
toute préparation en manière de salade
convient aux pituiteux ; mais ils doivent
éviter la laitue , la romaine et toutes les
plantes potagères qui fournissent beaucoup d'eau , comme les concombres , les
melons, les cardons , les choux , les choufleurs , les navets , les petits-pois et les ha-
ricots verts.

Les personnes d'un tempérament pituiteux ne doivent jamais boire d'eau pure ,
à moins qu'elle ne soit ferrugineuse ou
acidulée , encore moins du cidre ou de
la bière ; parvenues à un certain âge ,
elles boiront moitié vin, et plus elles avan-
ceront en âge plus elles doivent diminuer
la dose de l'eau , et elles feront sagement
de préférer le vin blanc. Dans le cours de
la journée elles boiront une limonade légère ; à défaut de citron , elles se compo-
seront une eau acidulée avec une ou deux
cuillerées de vinaigre blanc suivant sa
force , pour remédier à l'asthénie habituelle à ce tempérament.

Les Femmes qui ont des menstrues très-abondantes , qui souvent ne sont que la suite de la faiblesse de l'*uterus* , celles qui dans l'intervalle des périodes sanguines, sont sujettes à un flux lymphatique connu sous la dénomination de fleurs blanches , doivent ajouter à l'eau acidulée , dont elles feront journellement usage pendant les saisons chaudes , *un gros de safran de mars* par pinte d'eau , et la laisser déposer , pour ensuite la tirer à clair , si elles n'ont pas d'eau naturellement ferrugineuse à leur disposition. Dans les saisons pluvieuses et froides , elles quitteront l'usage des eaux ferrugineuses qu'elles remplaceront par des boissons aromatiques théiformes , comme les infusions de *lierre terrestre* , de feuilles de *cacis* , d'hisope , de *véronique* , de *petite sauge* de Provence, ou de *thé suisse*. Chacune choisira celle des plantes qui lui sera plus agréable , elle pourra en faire son déjeûné en évitant le beurre et la crême.

Les femmes qui à la suite d'un accouchement naturel, ou d'une *dystoxie*, suivi

d'une perte de sang , ou qui au moment
de la cessation du flux menstruel ont eu
des pertes , doivent suivre ce régime plus
exactement que les autres , pendant les
grandes chaleurs , et dans les saisons pluvieuses et froides ; au lieu d'eau ferrugineuse elles doivent prendre l'usage *du
vin ou du sirop anti-scorbutique* : le
vin est préférable pour les personnes grasses , et le sirop pour les maigres.

L'usage du vin se commence par deux
onces , pour le porter graduellement jusqu'à quatre. Celui du sirop se commence
par une cuillerée à bouche avec autant
d'eau , pour l'augmenter graduellement
jusqu'à quatre et même jusqu'à cinq à six ,
en y mettant deux ou trois cuillerées d'eau
pour lui donner la fluidité nécessaire pour
le faire couler aisément. Les personnes
replettes aideront leur digestion par quelques cuillerées de café à l'eau , et le soir
par quelques tasses d'infusion théiforme
d'une des plantes aromatiques ci-dessus
dénommées.

Les personnes d'une complexion sèche,

échauffée, comme celles du tempérament sanguin et sanguin-bilieux , ou
tourmentées de la névrose, comme nous
en voyons souvent , doivent éviter avec
grand soin tout ce que nous venons
de prescrire pour le tempérament précédent. L'usage habituel d'une eau dans laquelle elles mettront 25 grains de nitre ,
ou dans laquelle elles auront fait infuser
des racines de fraisier , ou des feuilles
de pinprenelle , ou de cerfeuil , leur est
d'une grande utilité. Le fréquent usage des
herbes potagères aqueuses , comme lai-
tues , romaines , bettes , poirée , navets,
cardons , concombres , melons , choux ,
choufleurs , et de tous les légumes verds
leur est avantageux. Parmi les fruits elles
doivent choisir ceux qui fournissent le plus
d'eau, comme les différentes espèces de cerises, les prunes, les pêches, les poires fon-
dantes, les raisins, etc. Elles feront encore
sagement de manger , de temps à autre ,
du pain de seigle , s'il ne leur occasionne
pas la dyspepsie ou difficulté de digérer.
Il faut à ces tempéramens un exercice

doux et modéré. L'usage du lait commencé à la fin de mai est encore un moyen souverain pour modifier ce genre de tempérament ; mais il ne réussit pas à tous, sans une préparation préliminaire et sans avoir purgé les premières voies de toute crudité.

SECTION IV.

De l'usage du Lait.

Le lait est le premier aliment de tous les animaux vivipares, il est celui de certains peuples pendant toute leur vie ; il est aussi celui des habitans des hautes montagnes de notre Europe ; dans ces lieux il donne aux personnes qui en font un usage habituel, une fraicheur, une force et une énergie qu'on a peine à croire quand on n'en a pas de preuves, et que ne procure pas toujours une toute autre nourriture ; ce serait bien encore la plus saine pour ceux qui n'en auraient pas pris d'autre : il y a plus, l'expérience nous a démontré qu'il n'y a pas de nourriture plus propre à réparer une santé délabrée et à prolonger la vie à certains tempéramens, même après avoir fait abus des autres alimens : dans ce cas c'est sous la direction d'un médecin que l'on doit commencer ce régime.

Notre assertion est fondée sur l'histoire de nos premiers hermites ou anachorètes, qui, nourris de lait, de pain et d'eau, avec des fruits et des légumes sans apprêts, vécurent au-delà des bornes ordinaires, par cette frugalité, la culture de leurs jardins, la modération extrême de leurs desirs, l'abnégation d'eux-mêmes, l'absence de tous chagrins, et par l'isolement de la société des autres hommes qui les font naître.

Saint-Antoine vécut cent cinq ans avec du pain et de l'eau qu'il accompagnait de quelques herbes. *Jacques l'hermite* vécut cent quatre ans. *Saint-Épiphane* cent cinq ans. *Saint-Romualde*, fondateur de l'ordre des Camaldules, poussa sa carrière jusqu'à cent vingt ans. *Pawe* chanoine allemand, mort le 19

messidor an 7 de la République française,
dans sa cent cinquante-deuxième année,
ne se nourrissait que de vieux fromages,
de lait, de gros pain, de petite bière et
de petit lait.

Les effets du lait varient au-delà de ce
qu'on peut dire, selon les différentes
constitutions et tempéramens. Nous avons
vu un homme de cent trois ans qui depuis
sa cinquantième année ne se nourrissait
que de lait de chèvre, dans lequel il met-
tait souvent de la mie de pain. Un de ses
voisins persuadé que c'était à l'usage de
ce lait que cet homme devait une si longue vie et une si bonne santé, ce qui est
assez vráisemblable, voulut à son exemple s'en nourrir ; mais de quelque manière qu'il le prit il en fut incommodé.
Premièrement il lui donnait la dyspepsie,
ensuite il lui causait une enflure au côté
gauche. Un autre qui voulut prendre le
même régime, n'éprouva aucune incommodité jnsqu'au septième jour, où
il lui survint une tumeur au côté gauche, laquelle lui occasionna une tension

douloureuse accompagnée de spasme.

. Nous avons encore connu d'autres personnes qui ayant voulu se soumettre à
ce régime , environ leur soixantième année , furent obligés d'y renoncer , tandis
que d'autres y ont trouvé le rétablissement d'une santé délabrée et une heureuse prolongation de leur existence , en
ce que toutes les douleurs qui les tour-
mentaient avant ce régime cessèrent insensiblement peu de temps après. Tous
ces faits démontrent évidemment la différence des tempéramens , ainsi que les
différentes qualités des sucs gastriques.

Les personnes à qui le lait réussit bien ,
retirent certainement de grands avantages de ce genre de nourriture, qui n'est
pas une simple substance végétale , mais
déjà un peu animalisée , et qui par cette
qualité acquiert celle de s'assimiler plus
facilement à nos humeurs : elle est une
substance végéto-animale.

Pour que ce genre de nourriture réus-
sisse , il faut y être préparé , non-seulement par l'absence des acides dans les

premières voies, mais encore par son usage
gradué, car on ne doit jamais passer subitement d'un régime à un autre : d'ailleurs
aux uns il faut le lait de chèvre, à
d'autres celui d'ânesse , tandis qu'à un
plus grand nombre d'individus le lait de
vache réussit merveilleusement, quand il
est tiré de jeunes bêtes qui aient mis bas
depuis quelques mois seulement et qui
vivent dans de bons paturages.

Ils y a des tempéramens qui ne peuvent digérer le lait , qu'autant qu'il est
pris froid ; pour d'autres au contraire il
faut qu'il ne soit que légèrement chauffé.
Nous connaissons des personnes à qui il
donne la colique lorsqu'il a été un peu
trop chauffé , et d'autres à qui il donne
une espèce de dysenterie lorsqu'il a été
bouilli. Rien ne prouve mieux que ce
qui convient aux uns ne convient point
aux autres , et que quand un tempérament a subi un changement, ce qui lui
convenait avant ne peut souvent plus lui
convenir , comme aussi ce qui ne lui
convenait pas peut très-bien lui réussir

après ce changement. Il faut aussi faire attention que la même qualité de lait ne réussit pas à tous les tempéramens, puisqu'aux uns il le faut séreux, tandis qu'aux autres il faut qu'il le soit moins, etc.

On peut modifier les qualités du lait des animaux plus facilement que celles du lait des femmes, par les nourritures qu'on leur donne, et parce qu'elles sont sans passions. Voulez-vous un lait séreux, laissez aller la bête à la prairie et fournissez-lui des herbages à l'étable pendant la saison où elle ne peut paître, donnez-lui des navets, des choux, des pommes de terre. Avez-vous besoin d'un lait qui ait plus de consistance, qui resserre le ventre au lieu de le lâcher, tenez la bête au fourrage pendant la nuit et avant qu'elle ne sorte de l'étable ; le foin, la paille d'avoine et même celle de froment lui conviennent alors. Desirez-vous encore un lait plus nourrissant, donnez soir et matin une certaine dose de son de froment, ou de farine d'orge, pour ne pas constiper votre malade. On peut encore

ajouter à ce son ou à cette farine d'orge,
une poignée de sel marin réduit en poudre, et faites promener la bête sans la
laisser paturer. Voulez-vous un lait légèrement aromatique, faites manger à votre
vache du lierre terrestre.

Par les connaissances acquises sur la
nature des alimens, nous voyons que le
mélange de la chair des animaux avec les
végétaux fournit à la généralité des humains des sucs nourriciers qui se digèrent facilement et s'animalisent beaucoup
mieux, ils donnent plus de forces aux
personnes faibles, que les sucs qui se tirent des végétaux seuls : ainsi donc ne
renonçons pas à notre manière de vivre
sans une nécessité absolue ; mais appro-
prions-la autant que possible à nos constitutions , à nos tempéramens , et au
climat que nous habitons.

Les substances dont nous composons
notre nourriture, qui en nous conservant
la vie, entretiennent ou détériorent notre santé , suivant leurs qualités et leur
analogie avec nos sucs digestifs, sont de-

puis bien de siècles et chez différens peuples policés , l'objet des études et des recherches d'une classe nombreuse d'hommes recommandables par leur intention ; car ces études ont pour but la connaissance des moyens les plus salutaires pour la préparation de ces substances , afin de les rendre plus analogues et plus convenables aux innombrables tempéramens, dans la variété des âges et dans les différentes circonstances de la vie ; mais il parait que toutes les recherches de ce genre n'ont abouti qu'à flatter notre sensualité et à augmenter notre gourmandise , car plus nous avons fait de progrès dans ces recherches, plus nous nous sommes éloignés de l'intention de la nature et de la conservation de la santé. L'art du cuisinier est aujourd'hui l'art de nous donner beaucoup de maladies , de porter beaucoup d'acrimonie dans notre sang et dans nos humeurs ; en un mot il est l'art d'abréger notre existence , ou au moins de la rendre infirme, douloureuse et valétudinaire.

SECONDE PARTIE.

DE LA GÉROCOMIE

PROPREMENT DITE;

Ou des Procédés généraux pour conserver la Vieillesse en santé.

DES quatre âges de la vie, la vieillesse est le seul qui ait assez intéressé les premiers médecins pour en écrire quelque chose, car dans les auteurs, avant *Hippocrate*, on ne trouve pas de moyens de conserver la santé : nous voyons que le législateur des Hébreux regarda la gourmandise et l'ivrognerie comme des excès qui méritaient punition.

SALOMON dit : L'intempérance mord

comme un serpent, et pique comme un basilic.

Homère dit aussi quelque chose de la Gérocomie, dans l'Odyssée, où il s'élève contre l'excès du vin.

Hippocrate permet de boire jusqu'à la gaîté.

Virgile recommande à son père *Laërte*, le bain, une bonne nourriture et un paisible sommeil.

Galien dit à ce sujet : Le conseil est excellent, rien n'est plus nécessaire aux vieillards que le repos et un bon potage après le bain. Il dit encore : Le vin convient généralement à toute la vieillesse.

La Gérocomie, quoique connue, selon la *Genèse*, du temps d'*Isaac* (à qui on préparait des viandes d'appétit, et à qui on donnait du vin pour soutenir son extrême caducité), est cependant bornée à cet exemple et aux soins que les serviteurs de *David* prirent de lui pendant le temps que durèrent ses infirmités, car nous ne trouvons aucun précepte de cette science particulière : nous allons donc, par cet ouvrage, réparer celui que les temps nous ont enlevé.

L'idée de faire coucher une jeune fille bien portante avec le vieux *Isaac*, pour le réchauffer, a trouvé des approbateurs dans *Galien*, dans *Paul Œginette*, dans *Vérulam* et dans *Boeerrhaave*; celui-ci racontait souvent à ses disciples qu'on avait conseillé à un vieux prince d'Allemagne, extrêmement infirme et faible, de coucher entre deux jeunes filles bien portantes et sages, ce qui produisit en peu de temps un si bon effet sur sa santé, que l'on crut nécessaire de cesser le remède (1).

Il nous paraît que l'on a, pendant long-temps, pensé que cette vertu était spécialement annexée au sexe féminin; nous croyons devoir combattre cette erreur, en observant que le principe vital qui nous anime et nous vivifie, que ce feu, cette matière électrique abonde tellement dans la jeunesse, et spécialement au moment

____

(1) *Vide de simpl. Medicam. facult. lib.* 5, *cap.* 6.

de la puberté, qu'il tend sans cesse à s'effluer et à se mettre en équilibre avec tout ce qui l'entoure, que conséquemment, par le contact d'un sexe, comme d'un autre, il doit passer dans les veines de la vieillesse qui en manque ordinairement.

Nous observons encore qu'il ne faut pas en faire un usage continu, crainte de s'en surcharger et d'épuiser l'individu qui le fournit.

Nous croyons pouvoir attribuer les bonnes et promptes digestions des nourrices, à la fréquente application de leurs nourrissons sur leur estomac.

La vieillesse, qu'on pourrait regarder comme une maladie, est vraiment un état mitoyen entre elle et la santé. Cet état exige, pour conserver cette santé chancelante, plus de soins et de précautions que l'enfance, parce que dans le premier âge, tout tend naturellement à la propagation du principe vital qui est alors très-actif, tandis que dans la vieillesse ce principe est tellement affaibli qu'il faut peu de choses pour l'anéantir : nous devons donc

donc nous appliquer à l'augmenter par des nourritures analeptiques et plus actives que celles que l'on donne à la jeunesse.

L'expérience de l'âge mûr doit guider la raison pour tout ce qui intéresse la santé : on doit savoir quelles sont les choses dont précédemment on a trouvé l'usage salutaire ou nuisible , et cette connaissance doit suffire pour décider l'homme sage à se les refuser ou à les employer, si son tempérament n'a pas subi un grand changement; car , comme nous l'avons déjà dit, les effets de beaucoup de boissons et d'alimens varient non-seulement selon les tempéramens , mais encore selon l'âge; et à celui-ci, les moindres accidens, ainsi que quelque excès, peuvent épuiser le peu de forces qui restent, et produire l'asthénie. Ce qui, dans la vigueur de l'âge, était de peu de conséquence, suffit pour abattre totalement et jeter dans une adynamie complette quand la vieillesse est arrivée.

D'après les principes que nous avons

établis au commencement de cet ouvrage,
*desirs immodérés , soucis de fortune ,
application profonde* aux affaires ou à
l'étude, chagrins ou une vie trop joyeuse;
en un mot, tout ce qui peut altérer ou affaiblir la constitution , ne peut être évité
avec trop de soins par la vieillesse jalouse
de se conserver en santé. D'après cela,
nous pourrions nous dispenser de faire
observer combien il importe d'être conti-
nent dans le mariage ; mais pour être conséquent avec notre épigraphe, nous ne pouvons trop répéter nos salutaires avis, et
dire que l'abus de l'hymen nuit aux personnes les plus robustes, à plus forte raison
à l'âge où tout annonce faiblesse physique
et morale.

Combien est grande la témérité de ces
vieillards qui ont encore des prétentions
au mariage avec des jeunes filles ! Qu'ils
apprennent que la vieillesse ne doit pas
plus cohabiter avec la jeunesse, que la
maladie avec la santé ; qu'ils sachent que
tout commerce érotique doit leur être
interdit, s'ils ne veulent pas abréger de

beaucoup leur existence , ou tomber promptement dans un affaissement physique qui peut produire une paralysie, ou dans un affaissement moral qui décidera bientôt l'enfance : qu'ils apprennent encore que quand la secrétion du fluide régénérateur suffit à peine pour réparer les déperditions journalières du principe vital, ils doivent s'appliquer à conserver les étincelles de ce feu qui réveille encore quelquefois leurs sens, plus par la suite de l'habitude, que par leur abondance.

On croit généralement que la nature n'a pas fixé à l'homme le terme de cette jouissance , on est dans l'erreur; cette mère est trop prévoyante pour la conservation de ses œuvres , pour nous abandonner ainsi sans règle de conduite; et nous croyons bien sincèrement que l'homme prudent peut reconnaître le véritable symptôme qui doit l'engager à faire divorce avec la déesse de la volupté, rompre tout commerce avec elle, et devenir très-avare de cette liqueur qui contient le feu qui l'anime et le laisse encore végéter. Ce

symptôme est celui où l'acte érotique es^t
suivi d'engourdissement, de tremblement
et de dyspepsie.

La nature n'a pas fixé un terme général pour tous les humains, quelques individus peuvent donc se livrer jusqu'à un âge
plus ou moins avancé à la propagation de
leur race, en raison de l'usage ménagé ou
de l'abus qu'ils auront fait de leur principe vital. Celui qui n'a rien donné à la
passion, qui s'est contenté de satisfaire ses
besoins, a l'espoir bien fondé de conserver
cette faculté plus long-temps que celui qui
l'a prodiguée, car les grands physiologistes nous assurent qu'il n'y a dans l'univers qu'une certaine quantité de fluide vital, et qu'elle est répartie entre tous les
êtres vivans; d'après quoi nous devons
conclure que nous ne communiquons
l'existence qu'à nos dépens, et que la
portion que nous transmettons est autant
de moins sur celle qui nous a été confiée.

Un fait certain est que le moindre effort érotique est funeste aux vieillards
chez qui le reste de ce feu divin entretient

encore la circulation et la vie. Nous croyons que c'est assez dire sur cet objet pour engager la vieillesse à une très-sévère continence, si elle veut parvenir à la plus longue vie sans infirmités. Elle doit se persuader que c'est spécialement à cet âge que la sagesse tourne toujours au profit de la santé, et que la conservation du fluide qui contient, sous la forme la plus concentrée, l'étincelle primitive de la vie, est le seul moyen d'entretenir la solidité et l'élasticité nécessaires à la circulation de ses humeurs : ainsi donc, vertueux et sages Époux, n'attendez pas que l'Amour vous abandonne pour le quitter.

C'est de l'usage raisonné des facultés physiques que dépend la santé, conséquemment le bonheur, car sans elle il ne peut exister. L'homme trouve la douleur ou le plaisir dans l'air qu'il respire, dans l'habit qui le couvre, dans les alimens dont il se substante, et dans les voluptés des sens auxquelles un instinct impérieux l'entraîne souvent.

Ce n'est que par un jugement sain et

quelques privations, que les uns prolongent leurs jouissances avec la santé, tandis que d'autres se blasent par l'abus de ces mêmes jouissances qui, trop multipliées, tuent la santé et altèrent les organes au lieu d'en étendre l'énergie.

CHAPITRE PREMIER.

De l'Air et de ses effets sur l'Humaine Nature.

LA nécessité de l'air pour la conservation de notre vie et de notre santé, est connue de tous temps, ses qualités physiques ont été découvertes dans le siècle dernier, sa nature intime n'est bien connue que depuis quelques années ; mais son influence sur le corps humain a été reconnue par *Hippocrate*. L'air fait partie de nos humeurs, car il s'introduit spécialement par la respiration ; on en voit la preuve par l'animal qui meurt dans la machine du vide, l'air qui était combiné dans ses humeurs s'en dégage peu à peu, et gagne les cavités principales : nous en avons une autre preuve dans la maladie que l'on nomme *tympanite*, et dont nous donnerons la description à la fin de cet ouvrage.

.L'air a sur nous une influence physique et chimique, il a la propriété d'être éminemment élastique, ce qui le rend susceptible de condensation et de dilatation; ces deux états varient en proportion du calorique qu'il contient.

L'air est un dissolvant de l'eau, et son affinité avec elle varie suivant certaines circonstances; l'eau, entièrement privée d'air, serait très-insalubre.

L'air est ou paisible ou agité; son agitation est appelée *vent;* elle porte différentes dénominations, suivant qu'elle est diversement dirigée; et en raison de cette direction, le vent influe en bien ou en mal sur l'humaine nature : de ces différentes qualités résultent trois actions principales sur nos corps.

1°. Il les comprime plus ou moins.

2°. Il les échauffe ou les refroidit.

3°. Il les sèche ou les humecte.

L'air atmosphérique ou l'air vital est

composé de deux principes spéciaux que nous appelons *nitrogène* et *oxigène*, tenus l'un et l'autre en fluidité nécessaire par le calorique; ces deux substances entrent en combinaison intime avec nos humeurs, et spécialement avec notre sang, et leur proportion influe manifestement sur notre état de santé.

Plus il y a d'oxigène dans un volume d'air donné, plus notre sang acquiert une couleur vive et brillante, mais aussi plus il est disposé à la coagulation, parce que cette surabondance le dépouille du carbone, de l'hydrogène, et fait prédominer le nitrogène acide formé d'azote et d'oxigène.

Outre la trop grande quantité d'oxigène que peut contenir un volume d'air donné, l'abondance des autres gazes le rend aussi malfaisant; il s'ensuit donc que l'activité de la vie, et la bonne santé, dépendent de la proportion de ces gaz. L'air le plus pur est celui qui n'est formé que par l'oxigène et le nitrogène dans de justes proportions; tel est ordinairement celui d'une campagne située sur un monticule peu élevé, où des arbres épars, çà et là, et les plantes fournissent continuellement un nouvel oxigène, où peu d'animaux consomment ce principe salutaire, où peu de corps organisés se décomposent, et où aucune eau ne croupit.

Tout est lié dans la nature, et l'homme, cet être si supérieur aux autres, est dans une dépendance totale des élémens; il s'accroît, se fortifie et se conserve à l'aide de l'*eau*, de la *terre*, du *feu* et de *l'air*. Privé de ce fluide qui l'entoure, le presse et le pénètre de toutes parts, il cesse bientôt de vivre. L'eau, combinée avec l'air, entre dans toute la machine humaine, facilite le jeu de son mécanisme; la terre, qui sert de base à ses os et aux autres parties solides, est chariée par l'air et l'eau qui la portent par-tout le corps, et la déposent dans les parties avec lesquelles elles peuvent se combiner et s'assimiler. Le feu qui, déguisé et enveloppé sous différentes formes, le pénètre aussi à l'aide de l'air et de l'eau, lui donne la chaleur néces-

saine à sa santé, et facilite toutes ses opérations. Les alimens chargés de tous ces
différens principes, entrant dans l'estomac, les développent par leur décomposition, relèvent le mouvement vasculaire,
remontent le système des nerfs ou le dé-
tendent en raison de la propriété et de
l'abondance des élémens qui les composent, et aussi en raison de la portion qui
peut s'assimiler à ceux qu'ils rencontrent
dans le viscère qui doit les décomposer
pour en former d'autres.

L'air, si nécessaire au jeu des poumons,
est un des agens qui influent le plus sur
notre santé; il est l'élément le plus précieux, en ce qu'il nous fournit continuellement deux principes très-nécessaires à
notre vitalité ; savoir : *l'oxigène* et *le calorique*, qui, pour être salutaires, doivent
se produire en doses modérées et propor-
tionelles, car la trop forte chaleur nous
épuise promptement, par l'abondante su-
blimation de la partie aqueuse de nos
fluides, qui deviennent ainsi le germe de
maladies inflammatoires. Il en est de

même de la dose d'oxigène que nous respirons , elle doit être moyenne , et tempérée par un peu d'humidité, car sa trop grande quantité , ou sa trop grande concentration produiraient l'irritation des poumons, la coagulation du sang , et conséquemment elle altérerait la santé , si elle ne nous tuait pas.

Peu d'hommes connaissent à quel point l'air et l'eau influent sur le corps humain. *Hippocrate* dit : « On doit chercher l'origine de la plupart des malades, et de la variété des tempéramens des divers peuples , dans la qualité de l'air qu'ils respirent , et des eaux qu'ils boivent. De-là les maladies endémiques des différens pays , et la nécessité de varier le mode de médecine dans les divers climats. »

Nous croyons aussi que ces élémens modifient différemment les facultés intellectuelles des habitans de chaque climat : de-là vient la variété d'esprit et de caractère des différens peuples, dans les différentes parties de la terre. Nous nageons dans l'air, il nous baigne au dehors et au dedans ; nos constitutions y trouvent la force et la vigueur physique et intellectuelle, lorsqu'il est suffisamment imprégné de cette substance éthérée , qui communique la chaleur et la vie à la nature entière , lorsqu'il est pur , et que l'astre du jour brille dans tout son éclat ; mais au contraire nous y puisons l'abattement , et des maladies, lorsqu'il est trop chargé de cette matière éthérée, ou quand elle est absorbée par des brouillards qui nous privent de la lumière du soleil.

La diminution trop grande du calorique, nécessaire à notre nature, nous occasionne fluxion, boufissure, empâtement, abattement de forces, enfin l'asthénie et la dyspnée, les rhumes, les catarrhes et tout le cortége qui accompagne ces incommodités. L'air a une influence toute particulière sur nos corps, parce qu'en s'insinuant dans toutes les parties de nos poumons, il change en bien ou en mal la qualité de notre sang , suivant la nature et les gaz ou miasmes qu'il charie.

Quand l'air est pur, il aide, par son élasticité, le mouvement nécessaire à nos fluides, et soutient le ton et le ressort convenables à une circulation modérée. Enfin il bonifie ou détériore notre santé : il faut donc porter une grande attention aux qualités de cet élément, plus nécessaire à notre existence que les alimens mêmes. Il est très-intéressant d'observer ses variations, et les différentes températures atmosphériques qu'il procure, pour le respirer en plus ou moins grande quantité, et modérer ses effets, souvent très-impétueux, par des vêtemens pris en conséquence. Il est d'absolue nécessité de suivre les changemens des saisons, qui opèrent sur les chétives santés des effets si sensibles, quand elles sont parvenues à un certain âge, et spécialement à la vieillesse, qu'une infinité d'individus, et notamment de femmes, en sont très-affectées.

La vieillesse est ordinairement sèche, le froid le plus léger lui est à peine supportable, et pour s'en garantir, il lui faut des habits légers , mais extrêmement chauds. Le premier principe pour se vê-tir d'une manière qui dérobe les corps faibles et délicats, à l'intempérie des saisons, est de considérer l'âge.

Dans l'enfance et l'adolescence, le sang étant plus chaud, la circulation plus active, la transpiration plus aisée, il est évident que le danger des vêtemens légers est moins grand que dans la maturité de l'âge, et que dans sa décadence, car alors le tissu de la peau et la dégénération du principe vital affaiblissant par degrés le calorique , il est bien nécessaire de suppléer à l'absence de la chaleur naturelle par celle des vêtemens.

Il y a chez les gens âgés roideur dans la fibre , ce qui diminue la chaleur ; il faut remédier à ces accidens par une nourriture échauffante , par des boissons théiformes de *véronique* , de *lierre ter-restre* , ou de *thé suisse* ; par des *bains chauds* , et augmenter le mouvement de leur sang dans les vaisseaux capillaires extérieurs, en les frottant souvent avec la brosse, ou la flanelle. Par ces moyens on leur fera prendre un degré de chaleur convenable à la libre transpiration, et à une égale distribution des sucs nourriciers dans toutes les parties.

Quand les personnes âgées font usage du bain, elles doivent se précautionner d'un bouillon moëlleux, qu'elles peuvent prendre demi-heure après qu'elles sont dans le bain; si elles peuvent s'en passer, elles prendront, en sortant de ce bain, un potage, en se mettant au lit, et elles boiront trois ou quatre cuillerées d'un bon vin de Bourgogne, en y ajoutant un peu de sucre. Quelques heures après elles feront un exercice modéré, soit à pied, en voiture, ou à cheval : nous observons seulement que l'exercice à pied est le plus convenable, lorsqu'on peut l'exécuter.

Les habitans d'un pays quelconque doivent observer avec une très-grande exactitude les vents qui y règnent le plus fréquemment, parce qu'ils influent plus ou moins sur l'état de bien ou mal être habituel, car les uns digèrent plus

facilement

facilement par tel vent que par tel autre,
en sorte qu'il faut plus de tempérance
dans le boire et le manger pendant le
règne de ce vent, que pendant celui
d'un autre, si on ne veut pas être incommodé. Le meilleur air est sec et tempéré. Une des marques certaines de la
salubrité de l'air habituel d'un pays, est
le grand nombre de personnes de différens sexes parvenues à un âge très-
avancé.

Un pays situé sur un monticule, ou sur
la partie du coteau de ce monticule, exposé au vent d'*Est*, et éloigné de quelques myriamètres des forêts, est un site
agréable et sain, et doit être préféré par
les gens âgés, à celui d'un vallon dont les
coteaux sont de part et d'autre boisés,
notamment quand on peut s'y procurer
une habitation dont les appartemens, sans
être trop vastes, soient cependant grands
et ouverts au levant, de préférence à tout
autre point de l'horizon, parce qu'il est
le plus vivifiant.

On ne peut révoquer en doute que les

habitans des pays humides et marécageux
ne soient plus sujets aux fièvres asthéniques, à l'infiltration des jambes, à la,
boufissure , à l'hydropisie même , que
ceux qui habitent les montagnes, et seulement les coteaux. C'est aux habitans des
vallons, et lieux humides , qu'il importe
beaucoup de porter des bas de laine, de
forts souliers, et de se faire frotter souvent avec la flanelle sèche, de prendre,
aux approches de l'automne, des habits
chauds, en attendant ceux d'hiver, et de
ne pas les quitter trop tôt au printemps.

Nous observons que dans cette saison ,
comme au commencement de l'automne ,
on éprouve souvent trois températures
dans la même journée. Il y a beaucoup
de pays où il serait très-prudent de ne
quitter les habits d'hiver que vers la fin
de mai, et de les reprendre dès le quinze
septembre environ.

Nous invitons les habitans des vallons
à monter le plus souvent possible sur
les hauteurs qui les environnent, où ils
respireront plus librement, et où le corps

se trouvant plus léger , l'entendement plus sain , ils éprouveront , de leurs facultés intellectuelles, des jouissances plus douces. On pourra remédier au danger des habitations environnées de bois et de marais , par la clôture exacte des appartemens , du côté du couchant, quelques heures avant l'abaissement total du soleil ; par une grande propreté et de fréquentes fumigations de plantes aromatiques.

Il est très-essentiel de ne jamais coucher au rez-de-chaussée , parce que l'humidité s'y fait sentir plus qu'aux étages. Il importe de renouveler tous les jours l'air de la chambre à coucher, spécialement si on y couche deux ; le moment le plus favorable pour cette opération, est celui où on fait le lit, parce que le grand air détache et enlève plus facilement les miasmes que la transpiration et la sueur ont appliqué aux linges.

Rien n'est plus mal sain et plus dangereux que de s'exposer à l'air frais en sortant de son lit, sans être vêtu de la tête aux pieds , sur-tout si on a couché

dans une chambre chaude. Les jeunes personnes et les gens de cabinet commettent
journellement cette faute ; elles se mettent
ordinairement au travail ou à l'étude en
sortant du lit et sans se vêtir suffisamment.
Cette habitude est mauvaise et dangereuse
à tout âge, à plus forte raison dans la
vieillesse.

Nous avons été consulté plusieurs fois
par des personnes de différens âges et de
différens sexes, sur le changement qu'elles
éprouvaient quelques heures après s'être
levé bien portantes et de belle humeur. Ces
personnes croyaient qu'il leur survenait
une petite fièvre, peu après être sorties de
leurs lits, plusieurs même y étaient ren-
trées au moment du mal-aise, et après avoir
poussé une petite sueur, en étaient ressor-
ties gaies et aussi bien portantes que la première fois, ce qui les confirmait dans l'opinion qu'elles étaient assaillies par une fièvre
de quelques heures tous les matins.

Nous n'avons jamais trouvé d'autre
cause du mal-aise qui survenait à ces personnes, quelques heures après être levées,

que l'interruption de la sueur ; interruption occasionnée par le défaut de vêtemens suffisans pour l'entretenir dans une
chambre dont la fenêtre était ouverte à
l'air frais, car une partie de ces hommes
étaient sans cravate, la poitrine découverte, et souvent les jambes nues. Les
femmes restaient avec un jupon bien
mince, et n'avaient point d'autre vêtement autour de la poitrine qu'un fichu
ou schall ; il nous fut aisé de découvrir la
cause du mal-aise de ces personnes, puisque les plus incommodées étaient les plus
âgées, et celles qui s'étaient levées de
meilleure heure.

L'air du matin est bon à respirer, parce
qu'il est ordinairement moins chargé de
différens miasmes que celui de la journée ;
mais, pour peu qu'il soit frais, on ne doit
pas s'y exposer sans être bien couvert,
sauf à se dégarnir à fur et à mesure que le
soleil s'avance sur l'horizon. La fraîcheur
du matin arrêtant la secrétion que la chaleur du lit avait établie, rend la tête lourde
et pesante ; de-là naît la difficulté de se

livrer à l'étude, à la composition, en un
mot, au travail du cabinet, qui n'est ordinairement point pénible ni douloureux
à ceux qui en ont l'habitude, et qui ont
soin d'entretenir la transpiration si nécessaire à la bonne santé. Le défaut d'appétit et le mauvais goût qui survient quelquefois à la bouche, n'ont souvent pas
d'autre cause que cette interception. La
preuve de notre assertion se trouve chez
les gens de métiers qui, sans vêtemens,
se mettent à leur travail par la fraîcheur
du matin sans en être incommodés, parce
que ce travail, mettant en jeu toutes leurs
facultés corporelles, augmente leur transpiration au lieu de la diminuer.

Il est un moment, et c'est celui qui
accompagne l'aurore et précéde le lever
du soleil, où le froid est très-vif et très-
pénétrant, même dans les plus beaux
jours de l'été. La rosée du matin transit et fait une impression plus fâcheuse
que celle du soir. Pour éviter ces sensations désagréables et les maux qui peuvent en résulter, nous invitons les vieil-

lards à rester au lit , même dans la plus belle saison , jusqu'après le lever du soleil, et dans l'hiver ils doivent faire échauffer leur chambre avant de se lever , et ne pas s'exposer d'abord à l'impression de l'air extérieur.

En général il faut être plus couvert pour dormir que pour veiller ; mais il faut que la température de la chambre où l'on couche soit très-douce , car l'air chaud pendant le sommeil est plus malfaisant que l'air tempéré , en ce qu'il sublime trop abondamment la sérosité des poumons. Il en consomme une si grande partie , qu'il épaissit le sang , les autres humeurs, et occasionne les catarrhes.

Quand *le vent du Nord* souffle long-temps , il purge l'air des vapeurs grossières de l'atmosphère , il le rend brillant et serein ; conséquemment sain pour beaucoup d'individus dont il augmente la force et auxquels il donne de la légèreté et de l'activité ; mais il ne produit pas de si heureux effets sur tous ceux qui s'y exposent, parce qu'ils n'ont pas tous la même constitution , ni le même tempérament. Les plus faibles et les plus âgés sur-tout, en sont très-souvent incommodés, spécialement quand ils n'ont pas les vêtemens nécessaires pour se garantir de la répercussion de l'insensible transpiration , source capitale des *rhumes*, des *maux de gorge* , des *fluxions de poitrine* , des *catarrhes* , des *constipations ;* mais plus souvent des *flux de ventre* accompagnés de coliques , et des *stranguries* , maladies toutes plus dangereuses pour les personnes âgées , que pour celles qui sont à la seconde période de leur vie.

On conçoit aisément que si des tempéramens vigoureux sont fâcheusement affectés par le vent du Nord, les diathèses faibles et délicates , comme le sont celles de la majeure partie de nos dames , doivent l'être bien davantage. Alors les maladies ci-dessus énoncées deviennent incurables chez la plûpart d'entr'elles , quand elles sont parvenues à un âge avancé ; et celles qui en guérissent n'en

relèvent qu'avec des impressions fâcheuses et souvent pour le reste de leur
vie , car enfin il peut occasionner la
dyscinésie.

Indépendamment de ce que le froid, en
supprimant la transpiration , peut produire la dyscinésie sur quelque membre , ou sur les reins , et mettre en activité des dispositions morbifiques que de
bonnes et abondantes transpirations eussent empêchées , nous savons que supporté à un certain dégré il excite chez le
sexe des hémorragies qui sont très-fré-
quentes en Suisse et dans les régions du
Nord, parce qu'il refoule le sang de toute
la périphérie au centre , et qu'il le pousse
sur les viscères ou organes intérieurs.
Alors le plus faible de la poitrine ou de
l'*uterus* s'en trouve plus affecté : de-là
survient un crachement de sang ou une
perte utérine. La crainte de l'un ou de
l'autre de ces accidens doit suffire pour
empêcher les femmes faibles et celles d'un
âge avancé de s'exposer au vent du Nord
sans être bien vêtues , car les personnes

âgées n'ont pas de plus grand ennemi à combattre.

Le vent du Midi est moins malfaisant : pendant l'été il énerve, affaiblit, et produit l'asthénie par les grandes sueurs qu'il provoque. Lorsqu'il amène des pluies, il relâche et détend toutes les fibres, il prolonge la pérysistole, il conduit à l'adynamie, occasionne quelquefois des fluxions et souvent produit la dyspnée : c'est le vent par lequel il faut faire le moins d'exercice, c'est celui qui abrège plus la durée de la vie par la consommation rapide de la portion la plus fluide de notre sang.

Le vent d'Est doit avoir la préférence sur celui de l'*Ouest* pour faire de l'exercice à pied ou à cheval, parce qu'il ouvre les pores de la peau, facilite la transpiration insensible sans trop la provoquer comme le vent du Midi. Il dilate agréablement les poumons, tandis que ceux de l'Ouest et du Nord les resserrent. Nous conseillons donc aux personnes âgées qui sont maîtresses de leur temps, de choisir les jours où règne ce vent, pour faire plus d'exercice que de coutume et pour entreprendre un petit voyage à la campagne.

Quelque lieu que l'on habite , si une maladie y survient et qu'elle attaque les personnes de différens sexes, de tout âge , de tous états et conditions , quelle que soit leur manière de vivre, en un mot , si cette maladie devient épidémique, il est évident qu'elle ne peut provenir des alimens et des boissons qui varient essentiellement dans les différentes classes de citoyens, tant par leur nature, que par leurs préparations : il faut donc chercher l'origine de cette épidémie dans l'air qu'ils respirent en commun ; comme il n'est pas donné à tout le monde le pouvoir de changer d'habitation , il faut que ceux qui resteront se hâtent de purifier l'air dont ils sont environnés. Le feu est un des grands correctifs de l'air mal-sain, il l'empêche de nuire par sa froideur et son humidité , il divise, dé-

compose et consume les miasmes malfaisans (1).

Aujourd'hui, nous ne connaissons rien
de mieux que les procédés de *M. Guyton
de Morveau*, dont il faut voir le Traité
sur les moyens de désinfecter l'air, et se
procurer un de ses appareils pour les
lieux extrêmement spacieux et dont l'efficacité a été manifestée depuis nombre
d'années, mais spécialement en 1804, à
Livourne, à Cadix et autres villes de l'Es-
pagne. Sans cette purification de l'air, le
plus sage parti est de quitter le pays pour
quelque temps, car ce serait en vain qu'on
établirait un autre genre de vie, puisque le mal est dans l'air qui pénétrant
les poumons par la trachée-artère qui se
divise et se subdivise à l'infini, se mêle
promptement au sang et produit la cacochimie.

(1) GALIEN dit qu'*Hippocrate* délivra son pays
de la peste, en faisant allumer de grands feux
dans toutes les campagnes.

CHAPITRE II.

De l'influence des Saisons sur la Vieillesse.

L'OBSERVATION a prouvé que le printemps et le commencement de l'été sont très-favorables à la vieillesse , que la fin de l'automne et l'hiver ont une influence très-fâcheuse sur son principe vital ; que l'hiver, cette saison du sommeil de la nature, en diminue tellement l'action , que c'est pour elle le temps de la mortalité , et quoique nous habitions un climat tempéré , il n'y a que les vieillards d'une forte diathèse qui puissent passer cette saison sans accidens et sans douleurs , les autres sont souvent en proie à la fièvre catarrhale; les rhumatismes , la goutte , et la dyscinésie les tourmentent plus pendant cette saison qu'en toute autre, et ceux qui n'éprouvent alors que la dyspnée doivent se trouver très-heureux.

Le Printemps, quand il se comporte bien, est en général la saison la plus avantageuse à la santé, malgré la variété de sa température. A peine le soleil a-t-il lancé ses rayons sur notre hémisphère, que les corps reprennent la vigueur que les frimats et les glaces de l'hiver avaient comme enchaînée. Toutes les humeurs qui circulaient à peine avec le sang, commencent à s'épurer par le rétablissement de la transpiration suspendue par les vents d'Ouest et du Nord. Le rétablissement de cette secrétion rend à nos corps un bien-être dont ils étaient privés depuis le commencement du froid.

A peine notre atmosphère est-il adouci, que la terre se couvre de verdure, que l'air se parfume des émanations de tous les trésors de Flore, ces émanations sont gracieuses et bien-faisantes, les arbres parés de leur feuillage offrent des retraites agréables aux habitans de l'air qui en profitent pour chanter leurs amours. Ces chants annoncent la régénération de la nature, qui leur donne les sensations voluptueuses qu'ils éprouvent alors.

Les sens des humains sont aussi agréablement éveillés, et ces sensations portent dans leur système vasculaire une activité qui équivaut au germe d'une nouvelle existence. Enfin arrivent ces heureux momens où les vieillards croyent renaître en éprouvant nombre de sensations assoupies chez eux depuis plusieurs mois. Leur imagination resserrée et rétrécie pendant l'hiver se développe de nouveau, et l'espérance entre encore une fois dans leur ame.

Pendant l'Été, après une nuit tranquille et un doux sommeil, la vieillesse s'éveille avec l'aurore qui de ses rayons purpurins colore l'horizon, où l'astre du jour s'élevant sensiblement, l'invite à quitter son lit et à se livrer à un doux exercice, à une promenade agréable et salutaire. L'augmentation de la chaleur raréfie son sang, précipite la dyastole,

favorise les secrétions de toutes espèces,
ce qui lui fait éprouver un bien-être physique qui influe sur son moral, et lui fait
trouver du plaisir à conserver la vie et à
prolonger son cours ; mais un plus grand
accroissement de chaleur lui deviendrait
nuisible, et l'incommodité qu'elle fait
éprouver l'avertit de se retirer.

Cette retraite en faisant éviter un mal
physique à la vieillesse peut lui procurer
un bien moral, si l'endroit où elle se retire lui offre un site, une perspective
agréable, et lui fournit l'occasion d'admirer la belle nature et la bonté du
Créateur.

Mais en cherchant l'ombre il faut éviter
avec soin la fraicheur et l'humidité ; sans
cette précaution la vieillesse deviendrait
bientôt la proie de la douloureuse dyscinésie, qui s'emparerait d'autant plus facilement des reins ou de quelque membre,
que le moment avant cette retraite l'individu était en transpiration. La sage précaution pour éviter tout danger est de se
vêtir plus si on reste à l'air libre, et sur—
tout

tout d'éviter le vent du Nord , car, si il existe, il faut faire retraite à la maison.

L'Été est encore favorable aux personnes âgées, en ce qu'il leur permet l'usage d'un bain tiède pendant le jour. Cette jouissance salutaire, en amollissant les houpes nerveuses, en prévient leur entier desséchement, et en débouchant les pores de la peau rend la transpiration plus facile : enfin, dans cette saison, des fruits délicieux et de diverses saveurs tempèrent la chaleur du sang et l'altération qu'elle produit , ils portent un fluide précieux dans les humeurs qu'un nouvel exercice pris modérément au déclin du jour, broye et atténue.

L'Automne au contraire , par son inconstance atmosphérique , commence à détruire les bons effets des deux précédentes saisons, et devient fâcheuse à la vieillesse qui bientôt ne pourra plus faire que peu d'exercice ; car souvent à une chaleur assez forte à midi , succède un froid vif, qui au coucher du soleil fait éprouver des sensations d'autant plus fâcheuses que la vieillesse ne s'est pas encore prémunie contre. Les vents qui soufflent de l'Ouest amènent des pluies qui par leur longue durée relâchent la fibre, ralentissent la diastole et la systole, ce qui produit l'asthénie de l'estomac qui, à son tour, occasionne la dyspepsie.

L'air plus chargé, dans cette saison, des vapeurs de la terre, puisque le soleil n'a plus pour notre horizon la même énergie d'attraction, gorge les poumons en y agglutinant les humeurs muqueuses: dès-lors commencent les rhumes qui, en raison des brouillards et du froid, augmentent, se prolongent jusqu'à l'hiver, où ils se transforment en catarrhes par l'asthénie des poumons qui augmente chaque jour de cette saison.

La diminution du principe vital dans des corps faibles, et dont les nerfs éprouvent une sensation douloureuse, est si grande, que la plupart des sexagénaires, à plus forte raison des octogénaires, passent cette saison dans la douleur, la tristesse, et dans la crainte de toucher à la fin de leur vie. Cet état du physique et du moral nuit d'autant plus à la santé des personnes âgées, qu'il approche de la vérité par l'engourdissement de leurs facultés physiques et morales, et que l'hiver amène beaucoup de désordres dans les fonctions vitales.

Il nous faut donc indiquer à la vieillesse ce qui peut l'empêcher de tomber dans cette angoisse.

CHAPITRE III.

Moyens de prévenir les Infirmités qui affligent la Vieillesse pendant l'Hiver.

Dès qu'on approche de sa soixantième année, à plus forte raison quand on est plus avancé en âge, on doit prendre l'habitude de se purger sur la fin de l'Automne et dans le cours de l'Hiver, et après une ou deux purgations qui débarrassent des humeurs gluantes et visqueuses, accumulées, tant par un peu d'intempérance et par la faiblesse des organes digestifs, que par le défaut d'exercice pendant les saisons fâcheuses (ce qui obstrue les orifices des veines absorbantes ou lactées dont les intestins sont parsemés pour recevoir le suc de nos alimens), il sera très-avantageux de boire pendant quelques jours une infusion de bois de *genévrier*, de *sassafras*, de *cascarille*, ou d'*écorce du Pérou*, à la dose de deux gros par pinte d'eau, réduite à trois verrées, ou, pendant une quinzaine de jours, une infusion de *véronique*, pour donner à l'estomac et au système vasculaire le ton suffisant pour opérer la coction des fluides, rétablir la transpiration et empêcher la dyspepsie assez fréquente dans cette saison, et entretenir ou réparer la santé que les frimats altèrent ordinairement.

Les personnes les plus replettes et d'un tempérament pituiteux doivent faire usage de la cascarille avec le sassafras, de préférence au bois de genévrier qui ne convient qu'aux personnes d'un tempérament sec, qui sont souvent tourmentées de douleurs de rhumatisme, ou goutte vague. La véronique suffit pour les personnes maigres. Nous avons gouverné et nous gouvernons encore plusieurs personnes des deux sexes, âgées de plus de soixante-dix ans, à qui nous faisons prendre tous les ans, à la fin de l'Automne et de l'Hiver, la tisanne suivante :

(134)

P. Cascarille, deux gros ;
  Bois de sassafras, *idem ;*
  Camédris ou petit-chêne, demi-
    poignée ;
  Séné mondé, deux gros ;
  Sel de Glaubert, *idem.*

Faites bouillir les bois dans une pinte
d'eau, pendant un quart-d'heure, ajoutez
le petit-chêne et le séné, retirez du feu
et laissez infuser toujours chaudement
pendant une heure au moins ; puis coulez
et ajoutez le sel. Faites légèrement réchauffer le lendemain pour boire à jeun,
en trois verrées, d'heure en heure, sans
rien prendre dans l'intervalle, et une
heure après la dernière verrée, compor-
tez-vous comme un jour de purgation.

Voilà pour les personnes pituiteuses et
très-replettes. Celles qui le sont moins et
qui sont sujettes aux douleurs de rhumatisme, ou goutte vague, font usage de la
suivante :

P. Bois de sassafras, deux gros ;
  De genévrier, demi-once ;

Polipode de chêne, *idem ;*
Follicules de séné, deux gros ;
Manne calabre, deux onces.

Le tout dans une pinte d'eau réduite à trois verrées pour boire tièdes, d'heure en heure. Il faut faire bouillir les bois et le polipode de chêne, puis ajouter la follicule et laisser infuser chaudement pendant environ deux heures, ensuite faire fondre la manne sans ébullition ; ces doses sont susceptibles de modification, car, pour quelques personnes, il ne faut point de manne, et pour d'autres, il faut plus de follicules : mais comme il faut prendre ces tisannes pendant huit ou dix jours, suivant l'effet qu'elles produisent en raison des différens tempéramens, on a la facilité d'augmenter ou de diminuer le séné, car il y a des tempéramens pour lesquels il faut le porter jusqu'à *deux gros et demi et quelquefois trois gros, pour les personnes très-replettes et pituiteuses.* On peut ne prendre ces tisannes que de deux jours l'un, si elles font beaucoup d'effet. Le plus ordinairement nous en donnons pendant trois jours de suite, et nous laissons reposer le quatrième et quelquefois le cinquième, pour recommencer ensuite pendant trois autres jours. Il y a quelquefois des tempéramens qui les supportent pendant les six jours de suite sans en être incommodés.

Nous faisons prendre ces tisannes à la fin de l'Automne, pour prévenir les maladies qui pourraient survenir pendant l'Hiver, et nous les faisons reprendre à la fin de l'Hiver pour débarrasser des humeurs crues accumulées par la stagnation qu'occasionne cette saison, et par le ralentissement de toutes secrétions, notamment de la transpiration insensible ; et après avoir suffisamment purgé les personnes sujettes à la goutte vague ou au rhumatisme, nous les tenons pendant huit ou dix jours, et souvent plus, à l'usage de la simple tisanne de *cascarille* ou de *sassafras*, à la dose de *deux gros* par pinte d'eau, ou de bois *de genévrier, à la dose d'une once* pour la même quantité d'eau, en observant d'em-

ployer le sassafras ou la cascarille de préférence, pour les personnes les plus âgées et
les plus pituiteuses, parce que ce bois ou
cette écorce ayant plus d'action revivifie
plus le principe vital, que l'autre ; et les
personnes âgées qui ne veulent point s'a-
percevoir de l'influence des frimats, font
sagement de boire de temps en temps, pendant l'Hiver, l'infusion de cascarille. Une
verrée tous les matins dispose l'estomac à
bien faire ses fonctions. Par ces précautions nous empêchons la *dyspnée*, la
dyscinésie, la *dyspepsie*, et toutes les
autres affections douloureuses que les
brouillards et les froids occasionnent si
fréquemment aux personnes âgées ; et c'est
par l'usage de ces diasostiques et analeptiques que nous leur prolongeons une existence agréable, en y joignant le choix des
alimens.

Il y a des personnes qui n'ont pas besoin
de beaucoup de purgations, car les incommodités dont nous venons de parler
ne sont pas toujours occasionnées par l'intempérance ; mais très-souvent par le ra-

lentissement de la transpiration insensible. Ces personnes, après deux jours seule ment de l'une ou de l'autre des tisanes ci-dessus indiquées, feront bien de commencer l'usage de la cascarille ou du sassafras pour le continuer pendant les dix ou douze premiers jours d'Hiver , afin de ranimer le principe vital et de fournir au système vasculaire la force nécessaire pour broyer et diviser les humeurs gluantes et visqueuses. Les femmes sujettes aux fleurs blanches ou à la blenhorrée se trouvent parfaitement bien de cet usage, qui est moins désagréable que celui du vin ou du sirop anti-scorbutique, qui cependant est d'absolue nécessité pour celles qui ont éprouvé des pertes de sang, après des couches ou fausses couches.

CHAPITRE IV.

De la Nourriture la plus saine à la Vieillesse.

La Nature, cette mère sage et prévoyante, nous fournit des alimens solides et fluides pour conserver nos corps dans un équilibre parfait, en réparant les pertes qu'ils font par la continuelle action des fluides sur les solides, et par la réaction de ces mêmes solides sur les fluides ; mais elle veut que nous en usions avec modération, sans quoi elle se venge d'une manière terrible de ceux qui en font abus. N'oublions jamais que c'est de la juste proportion de ces alimens et boissons avec nos besoins, que dépendent la bonne santé et toutes les fonctions vitales naturelles : sans cette précaution, ces mêmes alimens tendent à notre destruction.

La proportion entre le boire et le

manger doit être subordonnée à l'âge, au tempérament , au sexe , aux forces digestives et à l'exercice que l'on prend. En général la quantité de boisson doit surpasser celle des alimens. La nécessité nous en est démontrée par la facilité avec laquelle s'opère l'évacuation et l'évaporation de nos fluides ; d'ailleurs le défaut de boisson donne à nos humeurs une acrimonie et une consistance qui disposent à la mélancolie par la dyspepsie qu'elles procurent.

Le sang humain est composé de trois parties principales , savoir de l'*albumen*, partie blanche ou lymphatique , de la partie rouge ou globuleuse , soutenue et étendue avec la lymphe dans une certaine quantité d'eau , et qui à elles trois forment la presque totalité de ce fluide qui entretient bien ou mal notre existence et soutient nos forces et notre santé , en raison de sa qualité bonne ou délétérée ; il s'y joint une portion de bile jaune et souvent une de bile noire, ainsi qu'une portion de sel.

Notre santé dépend de la qualité et de la quantité de ces différentes substances, ainsi que de leur mélange, chacune dans des proportions inégales qui nous sont d'abord données par la nature dans le sein de notre mère, et à des doses différentes à chaque individu, ce qui constitue la variété des diathèses et des tempéramens primitifs et naturels. Nous ne pouvons douter que les bases d'une bonne santé ne provienne de celle de nos parens au moment où ils nous ont imprimé ce principe vital, dont la dose et l'activité constituent la force et la vigueur des premières pulsations de notre cœur et conséquemment de notre premier développement, ainsi que des soins que l'on a donnés à notre mère pendant la gestation : voilà ce qui constitue ce que nous appelons être heureusement né.

Le plus précieux don que puissent nous faire nos parens est une excellente diathèse; car c'est de la qualité de leur sang et des sucs nourriciers que notre mère nous transmet, que sont émanés les premiers élémens de nos constitutions , qui par la suite se détériorent ou se fortifient en raison des soins qu'on prend de nous , mais qui se détériorent d'autant moins facilement, qu'ils ont été imprégnés d'une plus grande dose de principe vital.

Le sang est entretenu par le produit journalier de nos digestions, par les sucs extraits des alimens que nous prenons ; il est donc très-nécessaire, non-seulement de bien connaître leurs propriétés et qualités naturelles et particulières à chacun d'eux , mais encore celles qu'ils acquèrent par l'amalgame et la préparation qu'on leur donne.

La quantité de notre sang est aussi augmentée par ce produit des digestions: quand il est plus abondant que la déperdition journalière , il produit d'abord la pléthore , puis la dyspnée et l'apoplexie sanguine , si on n'évacue pas assez tôt cette surabondance qui est nuisible, parce que le système vasculaire trop plein ne peut plus broyer les différentes substances dont il est composé , ce qui produit la *cacochimie :* de-là on voit la nécessité de manger et boire relativement à l'exercice que l'on prend : les personnes âgées qui font peu d'exercice doivent donc manger peu, et choisir leurs alimens, en raison de leurs effets. *Par exemple :*

La farine de froment, quoique la plus nourrissante de toutes, la devient moins, en raison de la quantîté de son qu'on y laisse et aussi parce qu'elle devient alors laxative ; mais blutée et tamisée bien fine elle est très-nourrissante et nullement laxative, sa presque totalité est convertie en chyle. Celle de seigle est naturellement laxative, ainsi que celle d'orge, même sans y laisser du son : d'après cela on voit que les doses de ces pains ne peuvent être égales pour la même personne, et combien il importe à certains tempéramens de manger de l'un ou de l'autre. L'on doit croire que celui qui est bien ou peu cuit, influe considérablement sur la santé, car celui qui l'est peu donne un suc visqueux, qui dans la vieillesse peut décider la cacochylie.

Ainsi donc le pain de farine fine bien cuit est préférable , parce qu'il en faut peu pour bien nourrir. Les viandes rôties, les poissons grillés , ceux de mer spécialement, les œufs et les potages sont généralement la nourriture la plus saine pour les personnes âgées.

Parmi les viandes , celle de mouton conviennent à tous les tempéramens faibles comme forts , la quantité doit être proportionnée aux facultés digestives , ainsi que l'assaisonnement et le mode de cuisson. Pour les gens faibles il est meilleur rôti ou grillé qu'en ragoût. Le bœuf étant plus difficile à digérer ne convient plus lorsque la vieillesse est arrivée. Le veau n'est salutaire aux personnes très-âgées, qu'autant qu'elles sont d'un tempérament sec ou chaud , parce que tous les très-jeunes animaux , excepté ceux qui sont d'une viande noire , produisent des sucs visqueux et gluans qui donnent souvent la dyspepsie et même indigestion aux personnes faibles et âgées, à qui il ne faut que des alimens légers qui ne leur

occasionnent

occasionnent ni flatuosités, ni l'exiregmie,
et qu'il faut enfin gouverner comme des
convaléscentes. Le gibier et les volailles
maigres leur sont très-avantageuses.

La chair des animaux sauvages est plus
sèche que celle des animaux privés. De
toutes les viandes, la meilleure et la plus
facile à digérer est celle des animaux mu-
tilés et qui sont dans la vigueur de l'âge.

Parmi les légumes et herbes potagères,
les oignons, les poireaux, les radis de
toute espèce sont acrimonieux. Le cé-
leri et la carotte, quoique chauds, sont
diurétiques et conviennent à la vieillesse
en général, spécialement aux individus
pituiteux. Les panais et les navets conviennent mieux aux tempéramens secs et
bilieux. Toutes les espèces de choux sont
dissolvans de la bile, mais venteux, cependant si on les cuit avec quelques gousses
d'ail, ils perdent cette mauvaise qualité,
et assaisonnés avec un peu de vinaigre ils
conviennent généralement à tous les tempéramens, l'abus seul y est contraire. La
laitue, le cerfeuil et la pimprenelle, les

cardons , les bettes de toutes couleurs et
les poirées ne conviennent qu'aux tempéramens secs et constipés par chaleur;
car il faut bien distinguer la constipation
par relâchement ou atonie des intestins ,
d'avec celle qui est produite par la sécheresse d'entrailles. Le persil et l'ail
sont chauds et apéritifs , conséquemment
nécessaires dans l'assaisonnement des mets
préparés pour les tempéramens asthéniques et pituiteux. Toutes les espèces de
légumes à gousses sont relâchantes lorsqu'on les mange vertes , mais leurs graines
sèches sont des farineux ; elles sont ven-
teuses il est vrai , mais si on a soin de
mettre dans l'eau où elles doivent cuire
un peu d'ail , non-seulement on les ren-
dra plus digestives , mais on évitera les
flatuosités qu'elles procurent sans cette
précaution : souvent aussi on ne les mâche
pas assez , parce qu'elles sont très-cuites
ou mises en purée ; mais il faut les promener longuement dans la bouche, ainsi
que tous les herbages et viandes hachées,
dont la dissolution , dans l'estomac , est

très-difficile, lorsqu'elles sont privées. d'une quantité suffisante de salive très-né-cessaire à la bonne digestion.

De tous les fruits les fondans sont les meilleurs pour les tempéramens secs, chauds et bilieux, pris en petite quan-tité ils ne sont pas généralement con-traires à la vieillesse ; mais ceux qui sont légèrement acides après leur maturité, comme la cerise, la groseille, lui con-viennent mieux que tous les autres. Les poires cassantes, cuites comme crues, cons-tipent. La pomme crue est plus saine pour la jeunesse, et la cuite pour la vieillesse. Nous observons en général que tous les fruits froids et aqueux ne sont salutaires qu'aux vieillards d'un tempérament sec et chaud, ainsi que les légumes verts, les melons et les concombres, et qu'ils ne doivent en user qu'avec modération, parce qu'ils sont en général trop relâ-chans, et que leur produit exige une plus grande quantité de suc gastrique pour en former un bon chyle. Il faut à la nature humaine plus de temps et une circulation plus active pour les animaliser que les sucs provenant des animaux qui, ayant un principe vital plus abondant, le communiquent facilement et opèrent aisément la transmutation de leur substance en celle des personnes qui s'en nourrissent.

Quoique le principe vital ait servi aux développement et accroissement des plantes et des fruits, il n'y est pas en aussi grande quantité que dans les animaux chez qui il n'y a déjà plus de sucs crus, parce que leur chaleur et leurs mouvemens ont déjà animalisé tous les produits de leur digestion ; d'où l'on peut conclure que le régime animal convient généralement mieux à la vieillesse, que le végétal : cependant la nature a des exceptions à ses lois ; et comme tous les tempéramens ne sont pas les mêmes, pas plus dans la vieillesse que dans tout autre âge, nous pourrions citer des vieillards a qui le règne végétal a rendu de grands services en leur prolongeant une vie agréable, par la diminution, puis par l'absence totale de leurs maux ; comme

nous pourrions aussi donner des exemples du succès de la nutrition animale,
par préférence à la végétale pour la
tendre jeunesse. Ces variétés tiennent
aux diathèses primordiales, ou aux tempéramens acquis, comme aussi à la nature et qualité des sucs gastriques ; ce qui
nous confirme dans la nécessité de bien
étudier son tempérament, pour ne jamais
rien faire qui lui soit contraire.

N'oublions jamais que quelque attention que nous portions à notre genre particulier de tempérament, que quelque
choix que nous fassions des alimens qui
lui conviennent le mieux, que quelque
bonne que soit la préparation que nous
leur donnons, nous détruirons notre
santé, si la sobriété n'est pas de la partie.
Cette vertu a guéri plus de maladies que
tous les remèdes de la pharmacie, et la
longue mastication a opéré plus de bonnes
digestions que tous les élixirs et les sto-
machiques.

Il faut donc que chaque individu soit
attentif aux effets des alimens qu'il prend,

afin de reconnaître s'ils lui sont salutaires, ou non, et lorsqu'ils sont nuisibles, il faut qu'il recherche la cause de leur insalubrité pour y remédier par une préparation différente ; car souvent l'aliment par lui-même est sain ; mais telle préparation ne convient qu'à certains tempéramens, tandis que telle autre convient parfaitement aux tempéramens opposés. Quand on ne peut parvenir, par les différentes modifications qu'on donne aux préparations d'un aliment, à le rendre salutaire pour soi, il faut absolument renoncer à son usage. Sans cette attention on se donnera souvent des dyspepsies.

L'expérience nous a démontré, que non-seulement les alimens convenables et bons à certains tempéramens, ne conviennent nullement à d'autres, de quelque manière qu'on les prépare ; mais encore elle nous a confirmés que ce qui leur convenait dans un temps ne leur convient plus dans un autre, et par la même raison, ce qui les incommodait dans un âge leur devenait salutaire dans un autre ; il ne

faut donc pas renoncer pour toujours à
l'usage des alimens nuisibles dans un
temps. Toutes les variations que la généralité des humains regarde comme des
bizarreries ou caprices de l'individu proviennent des changemens que le temps et
les circonstances amènent dans les tempéramens, de la différente qualité que nos
sucs gastriques acquièrent, et de celle des
humeurs qui prédominent dans l'estomac.

Dès que l'enfant est hors du sein maternel, si l'une des humeurs dont il est
composé, devient plus abondante (nous
ne disons pas qu'une autre, puisqu'elles
ne sont pas à doses égales), mais plus
abondante, plus séreuse, ou plus épaisse
qu'elle ne doit être, sa santé s'altère plus
ou moins promptement, plus ou moins
grièvement, suivant la qualité et la proportion de l'humeur délétère. Dès-lors
les secrétions se font moins bien, la cacochylie commence, et par suite elle produit la cacochimie qui conduit à la mort.
Il en est de même à tous les âges, sans
bonnes digestions il n'y a pas de santé ;

ce qui a fait dire à *Voltaire*, en parlant de l'homme :

> Il a tout, il a l'art de plaire ;
> Mais il n'a rien, s'il ne digère.
> Eh ! dans un corps mal sain, qu'importe la raison ?
> C'est un cocher adroit assis sur le timon
> De ce char fracassé, sans soupente et sans roue ;
> C'est un pilote expert sur un vaisseau sans proue.

La vie humaine, considérée physiologiquement, est un phénomène produit par la concurrence des forces naturelles à chaque individu, et du changement continuel de la matière des substances animales et végétales, en la sienne propre. L'homme est donc un *système chimico-végéto-animal*. Après une bonne digestion tout change dans l'homme ; cette machine qui commençait à s'affaisser, à languir, et qui tombait dans l'asthénie, en raison des pertes qu'elle avait faites par son continuel mouvement, reprend vigueur, ainsi que son intelligence ; car l'homme pense et agit différemment, après le repas, qu'avant, pourvu qu'il ne l'ait pas

fait trop copieux, car l'intempérance le
jette dans le mal-être, et le rend incapable d'énergie physique, et même inepte
au moral. C'est bien alors le cas de dire :

Dans un corps tout souffrant, l'esprit n'a point
        d'essors,
Le mal enchaîne et brise tous les ressorts.

Après une bonne digestion, l'homme
reprend les facultés que lui avait fait
perdre le besoin de se substanter, d'où
il est aisé de conclure que les parties primitives de la matière sont, à l'aide du mouvement vasculaire, diversement combi-
nées et assimilées à la substance humaine,
et que le produit de tous nos alimens,
lorsqu'il commence à s'animaliser, influe essentiellement sur les mouvemens
sensibles et cachés de l'homme : mais
aussi ces mêmes alimens qui servent à le
nourrir, à le fortifier, et à le conserver,
quand ils sont analogues à son tempérament, deviennent les instrumens de son
asthénie, de la cacochimie, et de sa dissolution, dès qu'ils ne sont plus analogues

à sa diathèse , ou dans les proportions
nécessaires à sa conservation. C'est ainsi
que l'eau , lorsqu'elle devient trop abondante, produit d'abord l'asthénie de tout
le système vasculaire, en ralentissant son
activité ; elle énerve l'homme, et l'abat ,
parce qu'elle empêche l'action des autres
élémens , et l'abondance des secrétions si
nécessaires à la bonne santé ; elle le conduit par une fièvre lente, à l'hydropisie ,
qui est ordinairement suivie de la mort.

C'est ainsi que le feu , admis en trop
grande quantité , ou fixé sur une seule
partie, y produit l'inflammation , excite
une fièvre ardente et occasionne des mouvemens désordonnés, qui usent et brisent
les ressorts. C'est encore par le même
principe que l'air trop abondant, ou raréfié par la chaleur trop grande des intestins, produit la *tympanite* ou l'hydropisie d'air qui distend l'abdomen comme
un balon : et c'est toujours par la même
raison que l'air , chargé des principes de
corruption , porte les maladies conta-
gieuses, et les fait pénétrer par toutes les

voies possibles; enfin tout ce qui conserve l'homme quand l'analogie et l'équilibre sont parfaits, le détruit plus tôt ou plus tard, quand cette analogie n'existe pas, ou quand les proportions nécessaires sont rompues.

~~~~~~

CHAPITRE V.

Procédés pour opérer la bonne Digestion si nécessaire à la Santé.

De toutes les opérations du corps humain, nous n'en connaissons pas qui mérite plus notre attention, que celle de sa nutrition qui s'opère par la dissolution des alimens dans l'estomac, et que nous appelons digestion. Pour en avoir une idée, il faut suivre ces alimens dès leur entrée dans la bouche, dans leur trajet du tube intestinal, où ils subissent diverses modifications, et qui en tire, de quelque couleurs qu'ils soient, une liqueur blanche comme du lait, à laquelle on a donné le nom de chyle.

Notre estomac est naturellement un laboratoire chimique, où s'opère continuellement la décomposition des différens
~~~~~~

alimens. Cette décomposition sert d'élémens , de matériaux , à la formation de
nouvelles combinaisons, suivant l'analogie ou l'hétéréogénité de ces matières
entre elles, et de celles qu'elles y trouvent.
tous les momens de notre digestion sont
un mélange de destruction et de combinaisons. Ces nouvelles combinaisons sont
la source première de l'entretien de notre
santé , ou des maladies qui affectent par
la suite les meilleurs tempéramens, quand
elles ont peu ou point d'analogie avec
nos fluides; conséquemment il faut s'appliquer à se procurer des alimens analogues à son tempérament, et au suc gastrique qu'il produit. La facilité avec laquelle s'opère la digestion, prouve cette
analogie nécessaire à la parfaite chylification, qui entretient la bonne santé dans
tous les âges.

Nous croyons devoir vous instruire ,
pour faciliter votre restauration , que nous
ne digérons point par trituration, comme
on l'a cru jusque vers la fin du siècle dernier. Nous digérons à la manière des ani-

maux qui ont un estomac musculo-mem-
braneux , parce que tel est le nôtre ; par
conséquent nous ne pouvons éviter la
dyspepsie, et facilement digérer, qu'à la
faveur de la mastication. Les alimens
broyés par les dents, amolis par la salive
très-nécessaires à la digestion, sont poussés par la langue, dans l'œsophage qui
les fait descendre dans l'estomac. C'est
dans la cavité de ce sac membrano-mus-
culeux, que ces alimens subissent la digestion par le suc que fournit ce viscère,
et auquel suc on a donné le nom de gastrique, qui a une parfaite analogie avec
le suc salivaire : ainsi, plus les alimens sont
imprégnés de ce suc salivaire, plus facilement ils sont dissous par le gastrique.

La pâte alimentaire en sortant de l'estomac, par le mouvement péristaltique
de ce viscère, entre dans les intestins
grêles, où elle est encore pénétrée dans
son trajet par trois autres liqueurs qui
achèvent sa dissolution, et facilitent l'ex-
traction des sucs nécessaires à la chylification. Ces liqueurs ont aussi la pro-

priété de séparer les parties grossières des alimens, et de les faire couler dans le reste du tube intestinal. Elles sont une bile jaune et amère, qui vient du foie et coule par le *canal cystique*, dans l'intestin nommé *duodenum;* une autre moins jaune et plus douce, qui vient par le *canal cholidoque*, dans l'*intestin jejunum*, et enfin une troisième moins amère, qui a aussi beaucoup d'analogie avec la salive ; elle est fournie par le *canal pancréatique* qui la verse aussi dans le *duodenum*.

Le pancréas ne peut cesser de fournir cette humeur, sans laisser à la bile trop d'acrimonie, qui produit ordinairement le flux bilieux, et quelquefois la *fièvre gastro-bilieuse*. La disette, ou la petite quantité de l'humeur pancréatique rend incomplet l'amalgáme bilieu nécessaire à la fluidité du chyle, et il en résulte une cacochylification qui a de grands inconvéniens, puisqu'elle détériore la santé. Quand, au contraire, cette humeur pancréatique est abondante, elle achève d'adoucir ce qui pourrait être resté d'âcre dans la pâte alimentaire, et rend le chyle miscible au sang ; enfin, ces trois liqueurs donnent au produit de cette pâte assez de fluidité pour être absorbé par les veines lactées dont les intestins sont parsemés, et pour en former le chyle, liqueur douce, et presque savonneuse, qui, quand elle est d'une bonne qualité, nous restaure promptement. La portion terreuse et grossière de cette pâte alimentaire, alors plus ou moins jaune ou brune, descend lentement à la faveur du mouvement péristaltique des viscères de *l'abdomen*, parcourt le reste du tube intestinal, appelé *le gros boyau*, pour être rejetée hors du corps par l'anus ou le *sphincter* qui termine ce canal.

D'après les notions que nous venons de donner sur les opérations que la nature emploie pour extraire les sucs nourriciers des différentes substances avec lesquelles nous nous alimentons, il est aisé de concevoir que la digestion s'opère d'autant plus facilement et parfaitement, que les

alimens

mens parvenus à l'estomac sont plus im=
prégnés de salive; par ce moyen, plus tôt
pénétrés par le suc gastrique qui les dis=
sout plus facilement.

Nous devons donc en conclure que nous
en retirons plus promptement le premier
produit presque laiteux qui doit former le
chyle, seule liqueur analeptique, puisque
c'est elle qui, en se mêlant à notre sang,
est portée par-tout notre système pour réparer nos pertes continuelles; il est donc
bien nécessaire de mâcher longuement,
spécialement pour éviter la dyspepsie,
mais encore pour hâter la formation du
chyle et la transmutation de cette liqueur
en notre propre substance.

Plus on a besoin de se restaurer promptement, plus il faut mâcher lentement;
les personnes âgées ne doivent jamais
s'écarter de ce principe; mais celles qui
sont assez favorisées de la nature pour
avoir conservé la majeure partie de leurs
dents, font tout le contraire; aussi plus
elles ont mangé promptement, plus elles
sont affectées de dyspepsie, et leurs in-

digestions proviennent autant de cette cause que de la trop grande quantité d'alimens.

Pour éviter les indigestions en pareilles circonstances, les personnes âgées doivent commencer par boire un peu de vin sucré, et y mettre peu ou point d'eau, suivant la saison, non-seulement parce que les fluides passent plus rapidement dans les veines lactées, mais aussi parce que cette espèce de cordial remonte le ton de l'estomac, ranime la chaleur, en y rappelant le principe vital, et le dispose à une facile digestion des alimens qu'on se propose de lui donner, mais encore par la patience que donne la cessation du grand besoin de manger. Il est prudent ensuite de préférer les alimens qui se prennent à la cuiller, comme les potages et différentes crèmes ou bouillies, ou un lait de poule, dans lequel on peut tremper du pain. Les sucs de ces genres d'alimens parviennent plus promptement dans le torrent de la circulation que ceux des alimens solides, pourvu toutefois qu'on promène longuement dans la bouche ceux qui n'ont pas besoin d'être mâchés, parce que, ne fournissant à l'estomac que des alimens imprégnés de salive, ils seront beaucoup plus promptement pénétrés par son suc gastrique.

Par ces précautions, toutes les parties du chyle qui passent ensuite dans le sang sont suffisamment élaborées, et il ne reste rien dans les premières voies qui puisse empêcher une seconde bonne digestion d'alimens plus solides, si on ne les prend pas trop tôt et en trop grande quantité.

Les personnes de tout âge, mais spécialement les vieillards, doivent suivre ce précepte, l'un des plus nécessaires à la conservation de leur santé et à la prolongation de leur vie. Par ces procédés, ils éviteront certainement les indigestions et les fausses digestions, si fréquentes dans un âge avancé, et si funestes à des estomacs où il y a disette de suc gastrique.

Vous voyez que les moyens qui entretiennent la santé peuvent la détériorer et même l'anéantir sans les soins et précautions que nous indiquons ; car pour se restaurer , il y a deux choses d'absolue nécessité : 1°. *Assimilation à notre subs- tance de ce qui est bon; 2°. séparation de ce qui est mauvais.*

Vous desirez sans doute apprendre maintenant, comment le produit des ali- mens nous fait penser et agir, voyez le ré- sultat des recherches d'un grand homme à ce sujet (1), qui dit :

Pour découvrir un peu ce qui se passe en moi,
Je m'en vais consulter le médecin du *Roi*;
Sans doute, il en sait plus que ses doctes confrères.
Je veux savoir de lui, par quels secrets mystères
Ce pain, cet aliment dans mon corps digéré,
Se transforme en un lait doucement préparé;
Comment toujours filtré dans ses routes certaines,
En longs ruisseaux de pourpre, il court enfler mes
       veines,
A mon corps languissant rend un pouvoir nouveau,
Fait palpiter mon cœur et penser mon cerveau?
Il lève au Ciel ses yeux ; il s'incline et s'écrie:
Demandez-le à ce *Dieu* qui nous donna la vie !

Pour se conserver en santé , il faut que

____

(1) Voltaire.

la chylification soit parfaite , et pour que la chylification soit parfaite , non-seulement il faut choisir des alimens sains et analogues à sa diathèse, et les mâcher bien longuement, mais il ne faut pas en manger trop, car si vous donnez à votre estomac plus d'alimens qu'il n'a de suc gastrique pour les dissoudre, vous n'éviterez pas la dyspepsie, et ce ne sera pas le moyen de réparer promptement vos forces.

Persuadez-vous bien cette grande vérité : *Ce n'est pas ce qu'on mange qui nourrit, mais ce qu'on digère bien.* Tout ce que l'estomac digère facilement, fournit un bon chyle ; tout ce qu'il ne digère qu'avec dyspepsie, devient nuisible à la longue, produit la cacochylie qui, par suite, décide la cacochymie qui affecte plus facilement les personnes âgées que celles d'un moyen âge. Elles doivent donc porter une très-grande attention à leur mode de digérer, si elles ne veulent pas s'exposer à quelque affection scorbutique, à quelque fièvre humorale, ou à l'asthénie complette ; elles doivent étudier le

tempérament de leur estomac, qui souvent paraît avoir des bizarreries, et ne
lui fournir que ce qu'il peut facilement
digérer.

Ce viscère est souvent faible, quoique
le corps soit robuste, souvent il est fort
quand le corps est faible ; car nous voyons
des personnes infatigables dont les muscles bien fournis ont une apparence athlétique, ne digérer qu'avec grande difficulté ; ce qui nous prouve que ce viscère
a son organisation particulière, comme
ses maladies : mais si nous observons que
souvent il digère facilement ce qu'il avait
refusé de digérer d'autres fois, nous nous
persuaderons alors que c'est notre faute
et non la sienne, et qu'il ferait toujours
bien ses fonctions si nous mâchions suffisamment, et si nous ne le surchargions
point. Plus l'aliment que nous lui donnons est d'une nature difficile à digérer,
plus il faut le mâcher, et moins il faut lui
en donner. Si, par exemple, il digère bien
quatre onces de bœuf, et que nous n'ayons
que du cochon, il faut ne lui donner que

la moitié de cette dose, parce que cette viande est beaucoup plus difficile à digérer que l'autre.

Encore une chose à laquelle on ne porte point assez d'attention pour les digestions, sont les affections de l'ame et les passions qui ont une influence puissante sur le viscère digérant. Ce que nous prenons pour ses caprices ne sont souvent que l'effet de l'état de l'ame : quand on est tristement affecté ou violemment tourmenté par une passion, ou fatigué de corps et d'esprit, l'estomac fait mal ses fonctions ; il faut donc alors vivre plus sobrement que de coutume.

Nous concluons que si chacun faisait attention à la circonstance où il se trouve, s'il suivait exactement les règles que nous prescrivons, et que si chacun se bornait à la quantité d'alimens et de boissons nécessaires à son individualité, et proportionnée aux pertes qu'occasionnent les secrétions pendant la bonne santé, les digestions se feraient toujours bien, les fluides gastriques seraient toujours abon-

dans et d'une qualité assez active pour bien
pénétrer les alimens, qu'en conséquence le
sang serait d'une nature parfaite (1).

Les marques certaines de la bonté des
sucs gastriques et de l'exactitude des fonctions de l'estomac, sont un appétit modéré le matin, après un sommeil paisible,
et de ne sentir ni dégoût, ni besoin irré-
gulier. Les dégoûts sont produits par une
humeur crue, visqueuse et gluante, reste
d'une digestion incomplette qui énerve ce
viscère, et s'oppose à l'élaboration d'un
nouveau suc gastrique. Si on mange avant
que d'avoir fait écouler ces mauvais levains,
soit par une infusion de thé, lorsqu'il ne
fait pas mal aux nerfs, soit par une infusion de chicorée amère, ou de racine de
patience, ou quelques feuilles d'absinthe,
ou de petite-sauge de Provence, ou en-

(1) Il est certain que des hommes, nés de pères
et mères sains et bien constitués, retarderaient le
mouvement de la faulx, presque toujours hâté par
nos institutions sociales, s'ils évitaient les accidens qui proviennent des fautes que l'on commet
contre le régime.

.core par une petite verrée de vin anti-
scorbutique, qui est indispensable pour
la vieillesse cacochime, et dont la dose
doit être proportionnée au tempérament
et à l'âge plus ou moins avancé, et encore
à la saison, on se prépare une mauvaise
digestion, et d'encore en encore, on ac-
cumule le principe d'une fièvre ataxique,
gastrique, et même putride.

Les appétits immodérés ou capricieux
de l'estomac ont leur source dans une
humeur plus ou moins âcre, qui irrite ce
viscère plus ou moins fréquemment. Souvent une verrée d'eau sucrée remédie à
ces incommodités, lorsqu'il n'y a point
d'oxiregmie; mais si elle existe, il faut
appeler le médecin, pour connaître si
c'est le cas d'user d'absorbans, ou si les
aigreurs proviennent seulement de l'asthénie de l'estomac, auquel il faut rendre
du ton, et donner au suc gastrique plus
d'énergie. Dans ce cas, le vin anti-scorbutique est le meilleur remède pour les
personnes âgées et pituiteuses. Les personnes d'un âge moyen, et qui ont ordi-

nairement l'estomac bon, se soulageront
plus efficacement avec la potion suivante :

P. Fondez deux gros de savon amigdalin, dans deux onces d'eau de fenouille, et autant de fleurs d'orange,
pour prendre deux cuillerées au moins,
deux heures avant chaque repas.

Ceux qui, après avoir mangé, n'ont ni
pesanteur à l'estomac, ni grande rougeur
au visage, ni oppression, ni envie de dormir, n'ont que raisonnablemsnt mangé,
suivant leur force et leur tempérament,
ils sont assurés de digérer facilement et
de faire une bonne chylification, s'il ne
leur survient aucun trouble. Lorsqu'on
se met à table, il faut toujours avoir présent à l'esprit qu'on ne pourra jouir longuement d'une bonne santé, de la vigueur
de corps et d'esprit, et qu'on ne parviendra à la vieillesse sans infirmité, qu'autant qu'on observera un bon régime,
qu'on mâchera bien, et qu'on n'abusera
point des choses nécessaires à la vie.
*Voyons maintenant les boissons qui
conviennent le mieux à la vieillesse.*

CHAPITRE VI.

Des Boissons convenables à la Vieillesse.

———

QUOIQUE la quantité de boissons doive excéder celle des alimens solides, elle doit néanmoins être réglée sur sa nature et la qualité du fluide dont on fait usage; car le vin, la bière et le cidre ne peuvent être bus dans les mêmes proportions que l'eau; il faut encore considérer la saison où on est, et le climat qu'on habite.

Si nous en croyons le célèbre *Hoffman*, nous conseillerions l'eau pure comme la meilleure de toutes les boissons, à tous les âges et pour tous les tempéramens, parce que, dit-il, « par sa fluidité et sa douceur, elle contribue à une libre et égale circulation du sang et de nos autres fluides.

» Les buveurs d'eau sont ordinairement gens de très-bon appétit, légers, actifs, et d'une gaîté plus constante ; ils ont même plus de feu que ceux qui ne boivent que du vin. Si l'on est d'un tempérament sanguin, l'eau est nécessaire, parce qu'en délayant les humeurs, elle procure une circulation plus uniforme. Si l'on a des dispositions à la colère, l'eau tempère l'acrimonie qui la détermine. L'eau est encore nécessaire aux tempéramens flegmatiques, en ce qu'elle divise et atténue les parties visqueuses. Dans la mélancolie, elle détrempe la bile grossière, et en facilite la secrétion, elle empêche les obstructions ; et en adoucissant toute acrimonie, elle prévient les douleurs. »

Hoffman dit encore : « L'eau est bonne aux vieillards pour humecter et amollir la ridigidité de leurs fibres, et pour faciliter la circulation ordinairement trop lente chez eux ; en un mot, ajoute ce savant médecin, l'eau est, de toutes les productions de la nature et de l'art, celle qui approche le plus de cette panacée universelle que l'on a toujours cherché sans la trouver. »

Pour nous rapprocher de notre siècle (car *Hoffman* fut médecin à *Hall*, en 1681), n'oublions pas que le célèbre *Dumoulin* dit en mourant : « Je laisse, après moi, deux grands médecins, *la diète* et *l'eau*. » Souvenons - nous encore que *Bordeu*, dont le mérite peut être comparé à celui de Dumoulin, faisait grand cas de ces deux moyens de guérir, qu'il les conseillait souvent, mais qu'il ne les ordonnait que comme remèdes curatifs, et non comme diasostiques ; car si ces moyens sont souverains à certians tempéramens et pendant un certain cours de de la vie, ils peuvent devenir très ~ nuisibles dans d'autres temps et à d'autres tempéramens.

Nous ne pouvons nous empêcher de dire dans l'exacte vérité , qu'une eau pure, légère , douce , fraîche, et dont la source est éloignée de l'endroit où on la puise, c'est-à-dire, celle qui a parcouru un long espace de terrain à l'air libre , est la boisson la plus saine pour fortifier l'enfance et la jeunesse en gé-

néral , et qu'elle leur est plus nécessaire
que le vin , mais aussi nous ne pouvons
pas être de l'avis d'*Hoffman* pour tous
les tempéramens, et particulièrement pour
les personnes âgées , car il y a peu d'individus de soixante ans qui puissent en
conserver l'usage , et il faut à cette occasion se souvenir que ce qui était bon
dans un âge ne convient plus dans un
autre , *et vice versâ*.

Nous connaissons des hommes qui
après avoir eu lieu de faire l'apologie de
l'usage habituel et constant de l'eau (les
uns depuis leur enfance, les autres depuis
l'âge de la puberté, et d'autres enfin depuis
l'âge de dix-huit à vingt ans jusqu'à qua-
rante-cinq et cinquante ans) , n'ont pu se
dispenser de recourir à l'usage du vin
trempé , et qui, à soixante et quelques
années ont été obligés de le boire pur ,
pour rappeler pendant l'hiver , et entretenir la chaleur nécessaire à la bonne
digestion. Ainsi , en faisant exception à
la loi trop générale d'*Hoffman* qui ne
peut avoir lieu en raison de la variété

des tempéramens , nous dirons d'après un axiome très-connu en France : *le vin est le lait des vieillards* (1) ; sauf les exceptions aux tempéramens auxquels il fait mal.

La boisson la plus saine pour la généralité des personnes âgées , est certainement le vin tempéré par plus ou moins d'eau , suivant sa qualité , la saison , le climat , l'âge , le sexe , et le tempérament de ceux qui en font usage. La jeunesse vigoureuse doit s'en abstenir , si elle veut éviter les maladies inflammatoires : les tempéramens pituiteux phlegmatiques, quoique jeunes encore , doivent en boire , spécialement les jeunes filles décolorées, à moins qu'on ne leur donne des eaux ferrugineuses , jusqu'à l'établissement de la nubilité. Les tempéramens phlegmatiques doivent en boire dans l'âge mûr , et plus encore dans la vieillesse, pour laquelle , il ne faut souvent point ajouter

(1) Une des lois primitives de Rome réservait le vin aux vieillards.

d'eau : n'oublions jamais qu'en tout et en tout temps , le trop est nuisible , spécialement de cette boisson , dont l'excès ruine les facultés corporelles et désorganise l'intelligence et l'esprit.

Le meilleur de tous les vins , pour la vieillesse , est celui de Bourgogne ; il a toutes les qualités que *Galien* desire , et les mêmes que celui qu'il dit convenir parfaitement dans un âge avancé. Il est d'une nature échauffante , propre , par conséquent , à réveiller et propager le principe vital dans toutes les parties du corps ; il est léger et passe facilement. Si Galien eût connu cette espèce de vin , il n'est pas douteux qu'il ne l'eût préféré et proposé aussi bien que le vin jaune qu'il indiquait aux vieillards. Le vin de Bourgogne est de tous les vins celui que les poètes ont le plus chanté , parce qu'il est celui qui les inspire le plus agréablement ; à ce sujet l'un d'eux dit :

HORACE, en savourant ses suaves odeurs,
Aurait de son Falerne abjuré les saveurs.

Oui,

Oui, du frêle vieillard, il parfume l'haleine ;
Il soutient de son corps, la démarche incertaine ;
Dans son sang rajeuni, son nectar velouté
Ramène doucement la joie et la santé ;
Et nourri de ce lait, souvent le vieux VOLTAIRE
Sut encor nous toucher, nous instruire et nous
    plaire.

Les vins d'un rouge foncé et épais passent difficilement, excitent des flatuosités, sur-tout quand ils sont pycnotiques, qualité qui leur est assez ordinaire. Les vins blancs et secs sont plus diurétiques et conviennent mieux que les gros vins rouges, aux tempéramens pituiteux et aux personnes dont les urines sont gluantes. Nous observons que pendant les grandes chaleurs, il faut tremper son vin plus que pendant l'hiver, quelles qu'en soit la qualité et la couleur.

Nous sommes bien convaincus que les meilleurs vins, après le produit de la Bourgogne, sont ceux qui approchent le plus de leurs qualités, que plus ils s'en éloignent, moins ils conviennent aux personnes d'un âge avancé, et que tous les

vins froids ne sont avantageux que pendant la vigueur de l'âge, et qu'à ceux qui
veulent boire amplement sans perdre la
raison.

Les vins de Languedoc, quoique plus
épais, peuvent faire un bon cordial, en
les saturant de sucre. Ils sont nécessaires
à la vieillesse qui a le ventre trop libre.
Hippocrate regardait le vin noir comme
très-efficace dans la diarrhée. *Galien*
dit : L'usage habituel de cette espèce de
vin peut causer des obstructions dans le
foie, dans la *rate*, dans les *reins*, et peut
même produire la pierre et occasionner
l'hydropisie.

Après l'eau et le vin, la meilleure boisson est une bière légère bien brassée.
L'usage de cette liqueur est bien ancien,
car l'Histoire rapporte qu'*Osiris*, las de
régner sur les Argiens, céda son royaume
à son frère *Agilaée*, et que s'étant rendu
maître de l'Egypte, où il épousa *Io*, ou
Isis, il établit des arts nécessaires aux
Egyptiens, au nombre desquels on peut
compter la fabrication de la bière, et

l'agriculture, qui le firent déifier dans ces contrées.

Nous ne voyons point que l'origine de cette boisson soit due au hasard, comme celle du vin, car *Pline* s'écrie, à l'occasion de cette invention (1) : *Heu mira hominum solertia ! inventum est quemadmodum aqua , quâque inebriarent.* Que l'industrie des hommes est admirable ! ils ont trouvé le secret de composer une certaine eau avec laquelle ils s'enivrent.

La bière blanche est préférable à la rouge, parce qu'elle passe mieux étant moins épaisse ; mais cette boisson, qui convient généralement à la jeunesse très-active, n'est salutaire qu'aux vieillards d'un tempérament sanguin et bilieux. Les bières amères, telles qu'on les fabrique en Flandre, et notamment à Bruxelles, sont saines pour les tempéramens pituiteux et asthéniques, lorsqu'ils ne peuvent se procurer du vin, parce que ces espèces

______
(1) *Lib.* 14, *cap.* 22.

de bières raniment la circulation, fortifient l'estomac et donnent plus de vigueur aux sens, que celle fabriquée avec
l'orge et le houblon seulement ; mais l'eau
pure d'une bonne qualité vaut encore
mieux.

Le cidre, qui est le suc exprimé des
pommes, et exposé à la fermentation, est
plus nuisible à la vieillesse que la bière,
parce qu'il est incrassant ; il possède éminemment la propriété d'épaissir les humeurs ; il contribue au ralentissement de
leurs secrétions, et coopère à l'amortissement du fluide vital. Son habituel
usage dans l'enfance grossit les fibres élé-
mentaires, produit la dyscinésie, obs-
curcit la mémoire, et rend d'une grande
difficulté la guérison des plaies de jambes.,
qui dégénèrent souvent en ulcères de mauvaise qualité dans toute la Normandie.

Nous ajoutons à cet article des boissons, pour n'y plus revenir, un mot sur
les eaux minérales dont quelques personnes doivent faire leur boisson habituelle ; les unes pendant quelques années,

d'autres pendant quelques mois seulement. Ces eaux sont celles qui sont légèrement ferrugineuses ; elles sont nécessaires aux personnes dont les viscères sont trop humides, et le système des vaisseaux lymphatiques trop relâché ; elles sont encore utiles à celles frappées d'asthénie par tempérament acquis, au nombre desquelles il faut ranger la généralité des dames devenues telles par une vie molle et oisive, comme aussi par différens événemens, tels que des distokies, des fausses-couches et des pertes de sang qui accompagnent ou suivent ces accidens, et à celles qui arrivent au dérangement périodique du flux menstruel.

Quand on sera obligé de recourir aux autres espèces d'eau, comme à des diasostiques, ou pour rétablir une santé délabrée, il faudra s'adresser à son médecin, qui décidera, d'après la connaissance du tempérament, ou d'après l'indication qui se présentera, de la qualité qui conviendra le mieux, et qui prescrira la manière d'en faire usage, avec le régime convenable pour en obtenir tout le succès possible.

Nous prévenons nos lecteurs que la Chimie a mis une Société de Savans en état de composer à Paris toutes les eaux minérales que l'Empire de France et les autres peuvent produire ; ce qui est d'une double utilité, en ce que l'éloignement et la saison du départ privaient les malades du bénéfice de ces eaux, dès qu'on s'apercevait de leurs maladies. L'établissement formé à Tivoly ne connaît point l'obstacle des saisons, et chacun peut y être dirigé par son médecin.

CHAPITRE VII.

De l'Intempérance très-nuisible à la Vieillesse.

L'INTEMPÉRANCE est l'excès dans tous les goûts sensuels; ce vice est destructeur de la santé, et par suite de la vie, parce qu'il convertit en poisons les alimens destinés à la conserver, qu'il détruit les ressorts et les organes nécessaires à la restauration de nos forces.

Nous reconnaissons trois espèces d'intempérans, savoir : le *gourmet*, le *gourmand* et l'*ivrogne*. Tous trois donnent dans des excès qui, à la longue, sont destructeurs des meilleurs tempéramens, en ce qu'ils épuisent les sucs gastriques et énervent l'estomac, seul organe réparateur.

Le gourmet est celui qui, par une

echerche extr êm e et rafinée des meilleurs
ʳmets et des vins les plus exquis, sollicite
s on appétit et sa soif, au point de manger
et boire beaucoup au-delà de ses besoins.

SOCRATE donnait, à ce sujet, un avis fort
sage à ses disciples : « Craignez, leur
disait-il, de prendre du goût pour les alimens que l'on mange sans faim, et pour
les liqueurs qu'on est tenté de boire quand
on n'a pas soif. »

Le gourmand est celui dont la sensualité, moins fine et moins recherchée, boit
et mange avec excès sans distinction de
ce qu'il y a de meilleur, et surcharge son
estomac, au point d'en arrêter les fonctions, et de provoquer l'apathie au lieu
de lui permettre l'exercice nécessaire. Cet
état occasionne l'engourdissement de toute
sensation et faculté, de manière que ce
qu'il y a alors de plus heureux pour lui
est la stupeur ou le sommeil, afin de digérer, tant bien que mal, le volume d'alimens sous lequel il s'est accablé (1).

(1) Comment voudriez-vous que les vapeurs qui
s'élèvent d'une grosse et vaste panse (dit le philo-

L'ivrogne est celui qui, avec une soif continuelle et du dégoût pour les alimens solides, a un penchant si fort à boire du vin et des liqueurs spiritueuses, que sa raison ne peut dominer. Nous distinguons trois genres d'ivrognerie qui constituent trois degrés dans ce vice : le premier est celui que nous pouvons appeler l'ivrognerie voluptueuse, c'est ce plaisir, cette sensualité à ne boire que du bon, que de l'exquis, et que beaucoup d'Épicuriens ne poussent pas ordinairement jusqu'à la perte de leur raison. Ceux qui se livrent souvent à cet excès n'en sont pas moins des ivrognes modérés.

Le second degré d'ivrognerie est sale et dégoûtant, et n'étant connu que de la partie la plus grossière du peuple, ses détails ne peuvent entrer dans cet ouvrage.

Notre philosophe *Vaughan* dit à ce sujet : Regardez ce maître ivrogne, comme

sophe *Vaughan*, dans son ouvrage intitulé : *Direction pour la Santé*) ne formassent point un brouillard épais de stupidité entre le corps et la lumière de l'esprit ?

il est défiguré ; voyez son nez : ne dirait-on pas qu'il est pourri, séché, à demi-rongé des vers ? son haleine n'est-elle pas puante, sa langue ne bégaye-t-elle pas, son corps n'est-il pas cacochyme dévoré par la goutte ?

L'homme sage est frugal et tempérant, parce qu'il conçoit clairement que l'excès des plaisirs entraîne la perte de la santé, celle de la fortune et de la réputation. Sa raison lui dit :

A la santé du corps tient la santé de l'ame ;
Satisfais ses besoins, donne un soin qu'il réclame ;
Mais fuis les alimens qui souillent les repas ;
Sur la fange terrestre, ils enchaînent tes pas.

. . . .

. . . .

Sois modéré, frugal, et ménage tes sens,
Leur vigueur te suivra jusqu'aux bornes des ans,
L'action les soutient ; mais tout excès les tue.
Que serais-tu sans eux ? Une froide statue.

Prendre plus d'alimens que l'estomac ne peut en supporter sans éprouver pesanteur et altération, c'est s'exposer d'abord à la dyspepsie et à plusieurs maladies,

sur-tout si cet excès est souvent renouvelé. Quand on a trop pris de nourriture,
il faut se priver du repas qui doit naturellement suivre celui-là, spécialement quand
il y a oxirégmie, sans quoi ce repas s'ai-
grirait aussi, et on accumulerait un foyer
de levains aigres qui produiraient la cacochylie, et bientôt l'adynamie. S'il n'y a eu
que dyspepsie sans aigreurs, on pourra
suivre l'ordre de ses repas, mais il faut
que le premier soit plus léger que de coutume, choisir les alimens de plus facile
digestion et les bien mâcher, parce que
l'estomac fatigué fournit un suc gastrique
moins abondant et dont la vertu est aussi
moins dissolvante.

Sans les précautions que nous indiquons, la vieillesse s'exposerait à une véritable indigestion. Il est même prudent
de faire précéder ce repas par la boisson
d'une infusion de quelque plante amère
et aromatique, comme celle de *petite-
sauge de Provence*, de *véronique*, ou
de feuilles de *cacis*, pour délayer les sa-
bures que laissent les mauvaises diges-

tions, et pour éviter par l'un de ces diasostiques la cacochylie. Souvent le reste
de digestions mal élaborées tourmente et
irrite l'estomac, de manière à faire croire
qu'il a besoin d'alimens. Si on se livre à
cette fausse faim, on dérange sa santé. Les
légers diasostiques que nous conseillons
restituent à l'estomac la chaleur et le ton
qu'il a perdus par la fatigue, et facilitent
l'élaboration d'un suc gastrique propre à
faire une nouvelle bonne digestion.

Dans les cas d'indigestion par gourmandise, un peu de diète, des boissons amères
ou vulnéraires suffisent avec quelques lâ-
vemens pour rétablir l'ordre et disposer
les viscères à une bonne chylification ;
mais quand elle vient de réplétion humorale, ou de cacotrophie, il faut purger et
quelquefois administrer un vomitif ; mais
c'est à ceux que des infirmités, assez ordinaires à la vieillesse, ne mettent point
hors d'état de les supporter sans grands
accidens.

Les moyens d'éviter la cacochylie, et
au contraire de perfectionner la chyli-

fication, sont donc, 1°. de bien broyer les alimens, de promener longuement dans la bouche ceux qui n'ont pas besoin d'être mâchés, pour les imprégner le plus possible du suc salivaire très-nécessaire à la bonne digestion ; 2°. de ne donner à son estomac que ce qu'il peut supporter sans éprouver pesanteur ; 3°. de faire de l'exercice à la fin de sa digestion, quelques heures avant le repas qui doit suivre, et toujours en proportion de la quantité d'alimens qu'on a pris, c'est-à-dire, que le jour où on a mangé plus que de coutume, il faut se promener plus long-temps, quoiqu'on s'y trouve moins disposé. Sans cet exercice, il faudra faire diète, sur-tout si on approche de sa soixantième année, car la majorité des personnes de cet âge meurent ordinairement des suites de leur intempérance qui détermine un genre d'apoplexie, et ils ont bien de la peine à se persuader que

La paix, un doux sommeil, la force et la santé,
  Sont les heureux dons de la sobriété.

Les grands repas, les ragoûts composés sont très-nuisibles à la santé de la vieillesse, parce qu'ils excitent à manger trop, et quelque sobre que l'on soit dans le repas, la composition de ces mets est telle qu'elle procure au moins la dyspepsie.

SECTION PREMIÈRE.

Exemple frappant de la nécessité de mener une vie sobre et active.

Si, d'après tout ce que nous venons de dire pour la conservation de la santé, il restait encore quelque doute sur la nécessité de vivre sobrement et de faire de l'exercice, l'histoire suivante finira, sans doute, par opérer la conversion des incrédules, et la conviction de l'une des plus grandes vérités nécessaires au bonheur des humains et qu'on ne peut trop leur répéter.

Louis Cornaro, noble Vénitien, s'est rendu célèbre par un excellent traité sur la vie sobre et réglée. Comme il ne fut pas Médecin, il y parle d'après l'expérience qu'il en fit individuellement et qui est la source de ce traité.

« L'empire de la coutume , dit-il , est souvent plus fort que l'esprit et la raison ; c'est ainsi que dans mon pays on est parvenu à la gourmandise et à l'ivrognerie , jusqu'au point de se faire gloire d'une intempérie qui nous tue : Que de gens d'esprit et pleins de sentimens d'honneur, qui eussent fait la gloire de notre Patrie , ont été enlevés à la fleur de leur âge , par cette fâcheuse habitude dont j'ai failli être aussi une victime !

» Né d'une constitution des plus faibles, si j'eusse continué à m'abandonner à la bonne chair , comme tant d'autres , je n'y eus pas long-temps resisté ; déjà j'étais sujet à plusieurs maladies , douleurs d'estomac, coliques, atteinte de goutte ; j'avais presque toujours une fièvre lente , une altération insupportable. Depuis l'âge de trente-cinq ans jusqu'à quarante, je ne cessai de luter contre ces maux , et l'on désespérait de me guérir.

» En vain les plus habiles Médecins es-

sayèrent , pour me tirer d'affaire , tout
ce que leur art pouvait leur offrir ; ils
me déclarèrent qu'ils ne connaissaient plus
qu'un seul moyen pour sauver mes jours,
si j'avais le courage de l'entreprendre et
de le continuer. Ils m'exhortèrent à mener
une vie sobre et réglée , en m'assurant que ,
puisque les excès m'avaient attiré tant
d'infirmités, une tempérance soutenue ne
manquerait pas de m'en délivrer ; ils ajoutèrent qu'il n'y avait pas de temps à perdre, qu'il ait fallu incessamment opter entre le régime et la mort; et que si je différais
encore de quelques mois , je ne serais plus.

D'abord je ne me trouvai pas disposé
à suivre leurs austères leçons ; mais je sentis
mes maux augmenter , et je n'avais encore
aucune envie de mourir : ainsi je pris
mon parti , je me décidai à suivre leurs
conseils , et je m'engageai à pratiquer
promptement le régime qu'ils me propo-
sèrent : je n'eus pas lieu de m'en repentir.
A peine eus-je observé quelque temps la
diète qui me fut prescrite , que j'en res-
sentis de bons effets. Après quelques mois,

je m'aperçus d'un grand amandement
dans mon état ; je ne fus pas au bout de
l'année, que je me trouvai parfaitement
guéri de tous mes maux.

» On est impatient, sans doute, d'apprendre en quoi consiste cette diète ; le voici :
Je m'accoutumai à ne prendre chaque
jour, que douze onces de nourriture solide, en pain, soupe, viande, jaunes d'œufs
et poisson, avec quatorze onces de boisson, et pendant ce temps je ne négligeai
pas d'autres précautions. J'évitai autant
qu'il me fut possible le grand froid, le
grand chaud, les violens exercices, les
veilles, et tout ce qui peut s'appeler excès
funestes à la santé.

» Une autre vérité aussi importante à
connaitre que celle que je viens de détailler,
est que si après avoir long-temps observé
un régime austère, on ose le changer,
on s'expose au plus grand danger. En voici
la preuve.

» Il y a environ quatre ans, que toute
ma famille se réunit pour me persuader
de prendre un peu plus de nourriture, à

cause de mon grand âge et de ma faiblesse. J'eus beau leur représenter qu'à
mesure que les forces diminuent, la digestion se fait avec plus de peine, et que
conséquemment loin de me nourrir plus
que je ne faisais, je devais au contraire
manger moins et donner à mon estomac
moins de travail, que de coutume. Ils ne
se laissèrent point aller à mes remontran-
ces, et je me laissai persuader par leurs
tendres et pressantes sollicitations.

J'augmentai ma nourriture de deux
onces seulement, ainsi que ma boisson,
en sorte que je pris quatorze onces de
solide et seize onces de fluide ; mais
qu'en arriva-t-il ? au bout d'une dixaine
de jours, au lieu d'être plus vigoureux,
plus gai, je me trouvai pesant, abattu,
de mauvaise humeur, sans savoir pourquoi,
et incommode à tous ceux qui m'environ-
naient. Le douzième jour je fus attaqué
d'une colique qui dura vingt-quatre heures,
et qui fut suivie pendant trente-cinq jours
d'une fièvre continue qui ne me laissa de
repos ni jour, ni nuit, et qui me mit à

deux doigts du tombeau. Je revins enfin ; grace *à Dieu* , quoique j'eusse alors soixante-dix-huit ans. Me voici à l'âge de quatre-vingt-trois ans , en pleine santé de corps et d'esprit. Je monte seul à cheval, je vais de mon pied au haut d'une montagne, et j'en descend seul. Loin de traîner une vie languissante et moribonde , j'ai l'œil et l'oreille bons , je suis gai , rien ne me fait mal, je n'ai pas la moindre atteinte des maux dont l'intempérance m'avait accablé. »

Cornaro pouvait donc dire :

Une fièvre brûlante attaquant mes ressorts ,
Par degrés inégaux , minait mon faible corps ;
Mais, malgré le danger qui menaçait ma vie ,
Ma santé se trouva désormais rétablie.
On me vit plus dispos, plus tempérant, plus fort,
Revenir triomphant des portes de la mort.

CORNARO est mort âgé de plus de cent ans , sain de corps et d'esprit.

SPOPWOOD cite un certain *Kentingern* dont l'existence se prolongea jusqu'à cent quatre-vingt-cinq ans. Cet homme ne but jamais de vin , ni d'autres liqueurs fortes.

Cent soixante et neuf ans composèrent la vie de *Henri Jennius*. Pour arriver à cet âge extraordinnaire , il n'employa qu'une nourriture saine et rafraîchissante.

LESTER fait mention de huit personnes qui avaient toujours vécu sobrement, dont la plus jeune avait près de cent ans , et la plus âgée cent quarante.

Voilà ce que l'antiquité nous a fourni de plus frappant sur la nécessité de la sobriété pour entretenir et rétablir la santé. Nous avons eu parmi nos contemporains beaucoup d'autres exemples de cette nécessité: mais pour ne vous citer que des personnages généralement connus, nous ne nommerons que le *Cardinal de Bernis* notre Ambassadeur à Rome sous Louis XV , *Voltaire* (1) , et *le Maréchal de Richelieu* , qui sont des preuves très-convain-

(1) VOLTAIRE, après avoir souffert long-temps, se forma, par un régime sévère, un tempérament qui pouvait lui fournir une carrière d'un siècle, s'il ne l'eût abrégée par des émotions et un genre de vie trop actif pour un octogénaire.

cantes , que le régime approprié aux tempéramens , aux circonstances , et au climat où on se trouve, conduit à la grande vieillesse sans infirmités et avec les jouissances des facultés morales , même après avoir abusé de la vie.

Aujourd'hui même on nous assure qu'il y a au bourg de Secondigny en Gatinois, département des Deux-Sèvres , un vieillard qui a vu la fin du règne de Louis XIV. Cet homme nommé *Cailton* est né en 1697. Il a donc maintenant cent neuf ans. Sa taille est médiocre ; il est maigre, robuste et nerveux, il n'a jamais été saigné, n'ayant jamais éprouvé ni fièvre , ni autre maladie , quoique le pays qu'il habite soit d'une température humide, attendu qu'il est beaucoup boisé et que le sol est arrosé par des sources nombreuses.

Le caractère de cet homme a toujours été doux et jovial, un sang calme coule dans ses veines ; il n'a jamais connu la haine , ni la vengeance. Dès son enfance il a été livré aux travaux de la campagne, et n'a jamais connu l'oisiveté ; il ne s'est abandonné à aucune débauche , il s'est presque toujours nourri de pain de seigle , et sa boisson n'a été que de l'eau : cet homme a l'habitude de se coucher de bonne heure et de se lever de grand matin , son sommeil est paisible. Il a ses cheveux et ses dents , ses yeux n'ont pas encore besoin de lunettes ; il a encore la mémoire fidelle ; il fait souvent une lieue par jour et quelquefois plus. De treize enfans qu'il a eu d'un seul mariage , quatre lui restent , son aîné est mort à quatre-vingt-deux ans.

Ce centenaire est très-connu dans les environs de son pays , car il s'est appliqué depuis long-temps , dit-on , à remettre les membres disloqués , et il y est fort adroit. Pendant la guerre de la Vendée , les insurgés entrèrent au bourg de Secondigny et y massacrèrent 150 individus , le vieux *Cailton* allait recevoir le coup fatal , quand il s'écria : *Quoi , vous ne respecterez pas mes cent ans !* Soudain la fureur s'arrête , et la vie lui fut accordée.

Il existe encore dans le canton d'Agen ,

département de Lot - et - Garonne , un vieillard âgé de cent onze ans. Né en octobre 1695 , ayant d'abord exercé la profession de cultivateur jusqu'à quarante ans , il s'enrôla à cet âge dans le régiment de Périgord ; il s'est trouvé à plusieurs batailles , entre autres à celle de Guastalla , en 1734 , où il fut blessé de trois manières différentes; au genou , d'une balle , au ventre , d'un coup de baïonnette, et à la tête, d'un coup de sabre. Après vingt - huit ans de service il quitta son régiment avec le grade de caporal et une pension de retraite , et vint dans ses foyers reprendre son premier état. Il s'est marié à l'âge de quatre-vingt-quatre ans. Sa Majesté impériale et royale informée de l'existence de ce vieux militaire, a porté à quatre cent huit francs la pension de cent huit dont il avait joui jusqu'alors.

Pour plus abondans exemples de longévité , voyez le journal de l'Empire français du 12 août 1806 , où il est dit: qu'en Angleterre on publie une liste de quarante-huit centenaires depuis l'âge de cent trente ans jusqu'à celui de cent soixante - quinze , morts dans le dix-huitième siècle. Dans le seul comté de Témeswar en Hongrie , on compte cinq vieillards morts dans le dix - huitième siècle, dont le moins âgé avait cent soixante ans , et le plus , cent quatre-vingt-cinq.

SECTION II.

De la Tempérance.

Il nous paraît bien prouvé que l'intempérance est le vice le plus pernicieux à la vieillesse , conséquemment la tempérance est une vertu des plus essentielles à cet âge.

La tempérance qui nous maintient dans un état de santé et de bien être est la vertu qui nous fait régler les appétits et les plaisirs du corps ; elle est composée de la sobriété et de la continence, deux excellentes compagnes à tout âge , mais spécialement dans celui où le principe vital et les fa-

cultés digestives sont naturellement diminuées.

L'amour de nous-mêmes, auquel nous
ne devons jamais renoncer, nous dit : qu'il
faut nous nourrir sans surcharger notre
estomac, qu'il faut boire sans perdre la
raison, parce que la sobriété n'engendre
que des humeurs douces, qui n'envoyant
point de vapeurs au cerveau, laissent à
l'esprit le parfait usage des organes ; tandis
que la gourmandise détruit les ressorts
de notre machine, et que tous les excès
ouvrent les avenues du tombeau, spécialement à la vieillesse par le nombre des maladies et des infirmités qu'elle enfante.

Le champ le plus fécond, lorsqu'il est fatigué,
Perd le suc productif qu'il a trop prodigué.
Que jamais leur attrait ne te serve d'excuse :
S'il te conduit bien, suis-le, et fuis-le, s'il t'abuse.
N'allègue pas qu'en vain tu veux lui résister :
S'il nuit, il faut le vaincre, ou ne pas m'écouter.
Quoi ! fort pour avaler un poison qui t'amorce,
Pour t'en sauver l'horreur, tu manquerais de force ?

La tempérance est la bénigne conservatrice de la santé et de a raison du pauvre comme du riche, de la vieillesse comme de la jeunesse; elle donne aux vieillards les moyens d'éloigner la mort, et aux jeunes gens la manière de s'assurer une longue vie sans infirmités : elle rend la mémoire bonne, l'entendement prompt et vif, les mouvemens souples et faciles.

Le peu d'action des sucs gastriques, la pesanteur qui se fait sentir à la tête, à l'estomac, et les anxiétés qui affectent toutes les autres parties du corps lorsque nous avons trop pris d'alimens, démontrent manifestement la connexion intime du viscère digérant avec tous les autres, et nous prouve que nous ne devons jamais transgresser les lois établies par la nature pour nous substanter, et que violer la sobriété, c'est se mettre au dessous de la brute qui, par instinct, n'abandonne jamais la modération dans le manger.

Pétrone, ce voluptueux Romain doit être écouté, quand il recommande la modération dans les plaisirs : voici son conseil.

Celui qu'un noble esprit anime
A s'élever jusqu'au sublime,
Doit suivre avec austérité
Les lois de la frugalité.
Qu'il se garde d'aller en lâche parasite,
A la table des Grands, encenser leur mérite.
Qu'il évite avec soin les débauchés fameux ;
Car le vin et les liqueurs que l'on boit avec eux
Offusquent de l'esprit cette chaleur subtile.

. . . .

SOCRATE, que nous pouvons citer comme un modèle de sobriété et de continence, était un des plus beaux esprits de l'antiquité.

Après *Pythagore* (ce philosophe célèbre en Grèce et en Italie, sur-tout à *Crotone*, où il opéra de si grands changemens dans les mœurs des habitans de cette ville, par ses vertus et la honte qu'il imprima si vivement aux intempérans), survint *Iccus*, Médecin de Tarente, qui ordonna l'exercice avec la tempérance pour conserver la santé ; il se rendit si célèbre par sa sobriété, qu'on disait un repas d'*Iccus* pour dire un repas frugal.

Comme la tempérance en général est composée de la sobriété et de la continence, nous invitons nos Lecteurs à se rappeler ce que nous avons dit sur ce dernier objet, et à ne point perdre de vue la nécessité absolue de s'abstenir de tous plaisirs érotiques dans un âge avancé, parce que, ce qui est dans la jeunesse nécessaire, est dans la vieillesse une source de maux, et lorsque la main de la volupté sème des fleurs pour les premiers, elle creuse le tombeau aux seconds, et qu'avant d'y faire descendre le vieillard, elle lui enlève la sérénité et cette égalité d'humeur qui contribue à le rendre encore aimable à ceux qui l'entourent; car il faut savoir parer la vieillesse, afin de se procurer des compagnies agréables et des serviteurs zélés qui en adoucissent les derniers momens.

CHAPITRE VIII.

Du genre d'Exercice nécessaire à la Vieillesse.

Il nous est démontré par l'observation, que l'homme naissant est plus enclin au mouvement, que quand il est sur le retour de l'âge , car s'il suivait son goût d'alors , autant il a fait d'exercice dans sa jeunesse , autant il en ferait peu dans sa vieillesse , parce que le corps ayant perdu son agilité , les membres ont moins de vie.

La dyscinésie est assez ordinaire à la vieillesse qui devient tremblante ; les mains et les bras perdent plus tôt leur fermeté que les jambes, d'où on peut conclure que les parties les premières développées sont celles qui commencent à s'affaiblir. Les vieillards ne sont très-sensibles au froid que parce qu'ils ne prennent que peu de mouvement : mais, comme le principe de la conservation est le même que celui de la destruction, *le mouvement*, et que ce mouvement, en entretenant l'une, amène nécessairement l'autre, puisqu'il use tous les ressorts, d'autant plus rapidement, que les mouvemens sont plus fréquens, plus rapides et plus violens ; il faut donc faire connaître à nos Lecteurs le danger de se livrer avec excès à l'un ou à l'autre, notamment dans un âge plus avancé. Un trop long repos leur deviendrait aussi funeste qu'un exercice immodéré.

Le corps humain est un composé de tubes de différens calibres, par lesquels les fluides doivent circuler sans cesse : de cette circulation s'accomplissent toutes les fonctions vitales et conservatrices de la santé.

Par l'exercice les fibres acquièrent de nouvelles forces pour pousser les fluides et empêcher qu'elles ne forment quelque engorgement. Ces fluides, poussés avec plus de vigueur, parviennent aux tuyaux excrétoires de l'organe extérieur, *la peau*. La transpiration devient plus abondante et produit la sueur qui entraîne avec elle beaucoup de parties superflues.

C'est par un exercice bien entendu, après un long travail de cabinet, c'est par un genre de récréation actif qui donne de la gaîté à l'imagination, que nous recouvrons la faculté de concevoir des choses très-abstraites.

Galien recommande le jeu de balle, tant pour délasser l'esprit, que pour entretenir la souplesse des membres et la santé : C'est pour tous ces avantages que les physiologistes ordonnent l'exercice comme le plus grand préservatif des maladies..

Le grand repos ralentit nécessairement toutes les fonctions ; ce ralentissement produit épaississement d'une portion des fluides, et la nature ne pouvant plus se débarrasser facilement de toutes les humeurs superflues, conduit plus promptement l'homme à sa fin, puisqu'il ne meurt

ordinairement dans la vieillesse , qu'autant qu'une partie de ses tubes sont en-
gorgés de fluides visqueux et épaissis, qui
ne peuvent plus être déplacés par une
circulation devenue trop lente : d'ailleurs
il ne faut pas oublier qu'on ne doit jamais
changer subitement ses habitudes; conséquemment plus on menait une vie active
et laborieuse, moins on doit se livrer subitement à l'oisiveté, plus au contraire
on doit se maintenir dans une activité relative et proportionnelle, en évitant seulement ce trop grand exercice auquel
nous devons prudemment renoncer. *Voici
les moyens de rendre l'exercice salutaire.*

Nous avons souvent été consultés sur
les trois points qui suivent ; 1°. quel est
le meilleur genre d'exercice ? 2°. quel
temps y est le plus favorable ? 3°. pendant
combien de temps doit - il durer ?

Nous répondons à ces trois questions.

1°. Le genre d'exercice convenable à
chaque individu dépend absolument de
sa constitution, de la circonstance où il
se

se trouve, du pays qu'il habite, et de la profession qu'il a embrassée. L'exercice qui convient aux personnes âgées, mais qui restent robustes, nuirait à celles qui sont devenues faibles et délicates avant l'âge; d'ailleurs quand l'exercice n'a pour objet que la conservation de la santé, il doit être du goût de ceux qui ont besoin d'en faire; il faut donc qu'ils le choisissent suivant leurs dispositions et leurs facultés à le pratiquer. A notre avis les personnes d'une bonne constitution doivent marcher. L'exercice du cheval ou de l'âne convient aux personnes exténuées, parce qu'il favorise les secrétions et qu'il facilite par ces moyens le recouvrement de la santé.

Dans les convalescences où les personnes, encore presque malades, ont besoin d'exercice au grand air pour détruire le reste d'une maladie, ou aider à l'effet des remèdes ou des analeptiques, elles doivent employer les différens genres de gestation; les plus doux sont ceux dont il faut user d'abord, en supposant qu'on les aît tous à sa disposition , comme la *litière,* la *chaise à porteur ,* la *brouette ,* les *car- rosses ,* etc. , suivant le pays qu'elles ha- bitent ; car se faire porter à dos d'homme , est encore un genre d'exercice.

2°. Le temps le plus convenable à l'exer- cice , quant à l'atmosphère , dépend du climat et de la saison ; le matin est le moment le plus favorable , parce que l'air est plus pur. Nous savons qu'il y a des personnes trop faibles pour soutenir l'exercice à jeun , elles doivent le com- mencer après le déjeûner , elles y gagne- ront de l'appétit nouveau pour le dîner. Les personnes qui mangent beaucoup le soir , doivent toujours commencer leur journée par un peu d'exercice , et se vê- tir en raison de la température. Passé la première jeunesse , on doit se reposer quelques heures après le dîner.

3°. Quant au temps que doit durer l'exercice , les forces de l'individu doivent en être la règle. Le point capital est de s'arrêter avant que d'être fatigué , et ne pas oublier , en allant , qu'il faudra revenir ; il y a des personnes qui doivent le faire à plusieurs reprises.

Si un vieillard arrive fatigué et mouillé de sueur, il doit avoir grand soin de se vêtir un peu plus pour se reposer, qu'il ne l'était pour marcher. Sans cette précaution il court le danger de devenir la proie de la dyseynésie qui peut avoir lieu par le refroidissement de cette sueur.

Quand il est fatigué par une course trop longue, ou trop rapide, par un travail forcé, il ne faut pas qu'il se presse de manger ; et si la soif le force à boire , il faut qu'il boive chaud , et jamais rien de frais, à moins que ce ne soit du vin, encore ne faut-il pas qu'il le boive très-frais, ce que la sensualité et le desir de se rafraîchir promptement lui fait desirer. Il faut qu'il se souvienne alors, que la nature ne pousse plus aussi facilement de l'intérieur à l'extérieur , et que les fluxions de poitrine, les pleurésies et les fièvres catarrhales n'ont souvent pas d'autre cause qu'une sueur arrêtée ou répercutée. S'il ne veut pas boire chaud , il faut qu'il patiente et qu'il mette un petit caillou dans sa bouche, pour y entretenir une humidité. Par le repos, la soif se calmera.

L'exercice est aussi nécessaire que le boire et le manger; c'est par lui que ceux-ci nous profitent, et sans exercice ils tueraient la vieillesse après l'avoir rendue bien malade. Pour que l'exercice soit parfaitement avantageux, il faut qu'il devance le repas, parce que c'est au moyen du mouvement que le chyle produit par le repas précédent, se mêle bien avec le sang, car il faut un grand nombre de tours de circulation pour que ce suc réparateur soit bien mêlé , spécialement quand y a pléthore.

L'exercice très-actif, tel que les jeunes gens le prennent ordinairement d'abord après le repas, serait bien nuisible à la bonne digestion chez les personnes d'un âge avancé; tandis que modéré et pris quelques heures après le repas, il procure le triple avantage de perfectionner la digestion, d'en faire passer promptement le produit dans les veines lactées, dans le torrent de la circulation, et enfin de réveiller l'appétit et de donner grande saveur aux alimens que l'on prend.

ALEXANDRE-LE-GRAND y croyait tellement, qu'au moment d'entreprendre une très-longue marche, il renvoya ses cuisiniers, en disant qu'il en avait de meilleurs, savoir : une marche à faire le matin qui lui donnerait de l'appétit à dîner, et un dîner frugal qui lui ferait trouver son souper excellent.

La plupart des hommes gémissent sur la nécessité de gagner leur vie par un travail journalier : mais ainsi l'a voulu l'Auteur de la Nature, aux décrets duquel nous devons nous soumettre sans murmurer ; d'ailleurs, il est évident, d'après la structure et la composition du corps humain, que l'exercice n'est pas moins nécessaire à la conservation de la santé que les alimens.

Le travail est souvent le père du plaisir.
Je plains l'homme accablé du poids de son loisir ;

Le Dieu qui prit pitié de la nature humaine,
Mit auprès du plaisir le travail et la peine.

Les laboureurs et ceux qui s'occupent de la culture de la terre, les jardiniers notamment, sont les moins malheureux des ouvriers, parce que leur genre d'exercice concourt de toutes manières à les entretenir en bonne santé, non-seulement parce qu'il met en jeu toutes les parties du corps en même temps, mais encore parce qu'il est une saison où une portion de la terre est couverte de fleurs pendant qu'ils cultivent l'autre; le parfum et les émanations des plantes en fleurs remontent leur principe vital, et donne une plus grande énergie à tout le système vasculaire de leurs poumons. Dans d'autres momens le spectacle agréable d'une récolte qui mûrit, flatte et réjouit l'homme qui toujours se plaît dans l'espérance : nous pouvons donc hardiment conclure que les gens désœuvrés feraient très-sagement, pour leur santé, de cultiver au moins des fleurs.

(215)

De tes frêles destins pour prolonger la trame,
Par le canal des sens pour délecter ton ame,
Arbustes, végétaux, arbres, gazons et fleurs,
Variant beauté, forme, vertus et couleurs,
N'aspirant à l'envi qu'à te servir ou plaire,
L'osmonde, l'athéa, l'ormin, la scrophulaire,
L'oranger, le nerprun, le sureau, l'églantier,
Le catalpa superbe, et l'orgueilleux laurier.
Le lys qui, de grains d'or, pare sa blanche tête,
L'œillet que la bergère arrose pour sa fête,
Les jasmins aux lilas mariant leurs festons,
L'orme, époux de la vigne, épendant ses chatons,
Tous ces sujets nombreux, épars dans ton domaine,
Sont fiers d'en embellir, d'en parfumer la scène.

Un genre de vie trop régulier en asservissant à l'empire de l'habitude celui qui s'y soumet, l'expose davantage aux maladies, au lieu de l'en garantir. La machine humaine ne doit pas être plus réglée que l'élément qui l'environne sans cesse. Il faut donc travailler, se reposer, puis travailler encore, se fatiguer même quelquefois, pour sentir le bonheur du repos. Il est ridicule de vouloir s'assujettir à une parfaite uniformité pendant toute une saison : le changement est né-

cessaire à l'homme pour qui tout est vicissitude.

Ainsi donc l'homme qui jouit d'une
bonne santé ne doit s'assujettir à aucun
régime; il doit mener une vie fort diver-
sifiée, même dans la vieillesse; mais, toujours proportionnée à ses forces; il doit
être tantôt à la ville, tantôt à la campagne, souvent à pied, et quelquefois à
cheval; manger souvent chaud, mais quelquefois froid, boire souvent du vin et
quelquefois de l'eau seule; il faut qu'il
varie ses travaux, qu'il soit souvent en
mouvement, que son exercice journalier
soit modéré, mais augmenté de temps à
autre, suivant sa force et son embonpoint, pour déplacer et évacuer les parties les plus grossières de ses fluides par
un mouvement plus rapide et plus éner-
gique de la circulation, sans quoi ces
parties resteraient dans les vaisseaux capillaires, les obstrueraient, ainsi que les
glandes, et par le trop grand calme pourraient devenir les matériaux et le principe de quelques fièvres.

Les personnes asthéniques par l'âge et par les circonstances, doivent prendre plus de précautions que celles dont nous venons de parler ; elles ont besoin de choix dans leurs alimens, et de beaucoup d'attention dans leur manière de se conduire, ainsi que d'un exercice doux et modéré. Nous comprenons dans cette classe presque toutes les dames , les gens de lettres qui affaiblissent leur constitution par une vie sédentaire et trop d'application à leur travail ; ils doivent de toute nécessité faire de l'exercice à pied ou à cheval avant le dîner, et se reposer pendant quelques heures avant de se livrer de nouveau à l'étude, sans quoi la dyspepsie s'emparera de leur estomac, l'oxiregmie surviendra, puis la cacochylie qui les conduira avec le temps à la cacochymie ; celle-ci, à son tour, leur donnera des infirmités et des maladies, qui amèneront prématurément la vieillesse physique et morale.

Gens de lettres, la ville vous fournit des délassemens selon vos goûts et vos caprices; vous y trouvez des promenades agréables, variées et récréatives par les compagnies que vous y rencontrez; la saison ne vous permet-elle pas la promenade? vous avez des spectacles intéressans par la déclamation et la musique, et souvent par le sujet même. Craignez-vous ces amusemens bruyans? vous avez la ressource des sociétés agréables où vous êtes toujours favorablement admis. Si vous habitez la campagne, elle vous offre ses prés, ses bois, ses montagnes, ses vallons; elle vous permet différens instrumens pour la chasse, la pêche, ou la culture du jardinage : enfin, il vous faut de l'exercice et de l'amusement; il est nécessaire que l'esprit se repose pour que ses productions soient faciles et bonnes.

L'exercice est un secours toujours prêt, ses salutaires effets s'étendent dans presque toutes les différentes situations de la vie; les secours qu'il procure dans tous les temps sont préférables, pour la bonne digestion, à ceux que l'on obtient par des élixirs ou autres médicamens, à moins qu'on ne soit dans une asthénie complette.

L'exercice réveille et augmente la chaleur naturelle, dissipe les superfluités du sang, donne de la souplesse aux muscles, les fortifie, ainsi que les nerfs; par lui le fluide vital est poussé avec plus d'énergie et d'activité; il entretient les facultés intellectuelles, comme les corporelles. Quand il n'est pas excessif, il donne de la vigueur aux organes et à l'ame; enfin, c'est un des grands moyens d'entretenir la santé, parce qu'il aide la nature à animaliser les sucs provenus des digestions précédentes; il facilite les secrétions de toute espèce : la vieillesse doit donc en user autant que ses forces le lui permettent.

Pour les femmes à qui tous les exercices ne conviennent pas, lire à haute voix, déclamer ou chanter peuvent suppléer à l'exercice modéré du volant, parce que ces fonctions augmentent le ton du système vasculaire intérieur, précipitent la circulation et le mouvement de l'air dans les poumons; en favorisant le mécanisme

de la poitrine elles augmentent les secrétions de tout genre. Si les femmes ne peuvent plus prendre les exercices que nous
venons de détailler, il faut les frotter avec
la brosse ou la flanelle, et les faire promener le plus possible.

D'après la manière dont *Hippocrate* et
Galien ont parlé des avantages de l'exercice pour fortifier l'homme et l'entretenir
en bonne santé, on ne croirait pas qu'il
eût pu se trouver un seul contradicteur:
cependant *Pisistrate*, loin de regarder
l'exercice comme nécessaire à la santé,
entreprit de prouver que le repos est un
moyen d'éviter les maladies.

Nous lui accordons qu'on peut, par ce
moyen, éviter la pleurésie et la péripneumonie, mais rarement d'autres ; tandis
qu'un trop grand repos occasionne beaucoup d'accidens. En se reposant plus qu'il
ne faut, c'est-à-dire en se livrant à la paresse, le corps s'énerve au lieu de se fortifier, toutes les secrétions se ralentissent,
les empâtemens et les engorgemens se
forment ; et pour ne pas devenir malade

à la suite de ce repos surperflu, non-seulement il ne faut pas avoir quitté la déesse
de la sobriété, mais il faut encore jeûner,
ou au moins se priver de beaucoup d'alimens solides. Sans cette précaution qui
est une sagesse nécessaire, dans ce cas,
pour tous les âges et les sexes, mais spécialement pour la vieillesse, on se trouve
surchargé d'humeurs et accablé de réplétion, genre de maladie physique et morale;
car l'esprit n'est pas plus apte au travail,
que le corps ne l'est à un exercice actif; et
cet état conduirait bientôt les personnes
âgées à une apoplexie humorale plus dangereuse pour eux, que l'apoplexie sanguine.

Les moyens de sortir de cette asthénie,
de cette nullité, sont, 1°. des évacuations
de *l'abdomen*, 2°. la reprise de l'exercice par gradation, car la machine humaine veut être secouée de temps à autre
pour ne pas s'engorger.

Pisistrate n'a pas fait attention que la
pleurésie et la fluxion de poitrine qui surviennent après un grand exercice, une
grande agitation, n'arrivent que pour avoir

poussé l'exercice jusqu'à l'excès , et plus souvent encore par le repos subit et le rafraîchissement que l'on se procure inconsidérément et beaucoup trop tôt.

Si l'homme qui est couvert de sueur par un travail forcé , prenait la précaution de le modérer et de le ralentir insensiblement , au lieu de le cesser tout-à-coup , et s'il se vêtissait en quittant ce travail au lieu de s'exposer presque nud à un courant d'air frais , ce qui est une des plus funestes fautes que l'homme puisse commettre à son régime ; s'il prenait encore la précaution de boire chaud , ou quelque boisson qui pût doucement ralentir sa sueur , au lieu de boire le plus fraîchement possible , il éviterait ces graves maladies , souvent mortelles , qui ne lui surviennent ordinairement que par imprudence et pour avoir passé subitement d'un excès à un autre.

Nous sommes d'autant plus surpris que les ouvriers soignent si peu leur santé , qu'il ont sous les yeux des exemples frappans des précautions que l'on prend pour éviter ces sortes de maladies aux animaux, aux chevaux notamment. Lorsqu'un cocher croit rester long-temps à une porte, il couvre ses chevaux lorsqu'il fait froid. Un cavalier qui arrive au galop, descend-il de cheval sans le faire promener pendant le temps qu'il reste dans la maison où il a affaire ? Quiconque a une connaissance de la dynamique (1) , sent facilement que l'intention de ces gens , est d'empêcher la cessation subite de la sueur , qui pourrait occasionner à leurs chevaux la pleurésie ou au moins la dyscinésie par le repos trop subit. Mais le cavalier a appris à connaître les soins qu'il doit à ses chevaux pour les maintenir en santé ; tandis que l'ouvrier sans réflexion et sans jugement ne fait ordinairement rien que ce qu'il a vu faire.

Quand nous recommandons l'exercice journellement modéré , et de temps en temps poussé jusqu'à la sueur , nous ne

(1) *Dynamique*, science des forces qui meuvent les corps animés.

prétendons pas qu'on le pousse à l'excès;
bien loin de-là , nous voulons un exercice par lequel on acquiert un bon appétit et la faculté des secrétions de tout
genre.

———

CHAPITRE

CHAPITRE IX.

Du Repos nécessaire à la Vieillesse.

Lᴇ repos après l'exercice est aussi nécessaire, que l'exercice après le repos; ils doivent se succéder alternativement pour entretenir la bonne santé ; car si on est incommodé par trop de fatigue, il n'y a que le repos qui puisse délasser, et pour rendre ce repos plus efficace il faut le faire précéder d'un bain d'une heure à peu près ; et ce que l'on peut faire de mieux après ce bain est d'entrer dans un lit molet un peu chaud , de s'y faire couvrir suffisamment pour entretenir la moiteur, et y prendre un bouillon.

Si on peut se passer d'un restaurant, le lit n'en convient pas moins, parce qu'il entretiendra ou provoquera une moiteur salutaire en y joignant l'infusion théiforme

de quelques plantes simplement diasocti-
ques , comme *fleurs de tilleul* , *fleurs
et feuilles d'oranger* , *feuilles de cacis*,
de lierre terrestre , *de menthe des
jardins*, *avec le sucre*, suivant l'âge et
le tempérament ; les plus chaudes et les
plus aromatiques doivent être employées
pour les personnes âgées et spécialement
les pituiteuses.

Nous connaissons tous les avantages du
repos, mais c'est après l'exercice. En dé-
lassant le corps il donne à la nature le
temps et la faculté de réparer les pertes
qu'il a faites. C'est par le repos que le principe vital est ménagé et qu'il coule avec
plus de régularité ; mais c'est par l'exercice qu'il est entretenu.

L'abus du repos est plus promptement
nuisible à la santé, que celui de l'exercice.
Nous avons la preuve journalière de la
salubrité du grand exercice par les culti-
vateurs qui, avec le travail forcé que né-
cessitent quelquefois les récoltes, arrivent
cependant à une grande vieillesse. A quoi
en sont-ils redevables ? si ce n'est à la vie

sobre, frugale et laborieuse qui leur évite
les maladies qui accablent les opulens et
les oisifs. Il n'en est pas de même de leurs
femmes dont un très-petit nombre parvient rarement à leur cinquantaine sans
de grandes infirmités, quoiqu'elles n'aient
pas supporté des travaux aussi considé-
rables que leurs maris ; mais elles sont si
peu ménagées pendant l'accouchement,
et les suites de leurs couches sont si mal
soignées, qu'elles vieillissent avant le temps.
Presque toutes leurs infirmités proviennent
de leur fécondité.

CHAPITRE X.

Des dangers de l'Oisiveté et de la Paresse pour les Personnes âgées.

Quoique l'on soit parvenu à un âge où le repos est nécessaire, il ne faut cependant pas s'abandonner à une oisiveté complette qui mène infailliblement à la paresse; car moins on fait, moins on veut faire, parce qu'un trop long repos énerve de toute manière. En assoupissant trop nos sens, nous ensevelissons notre ame et nous lui ôtons la faculté de penser et de vouloir. Le plaisir du repos qui nous flatte momentanément, fait bientôt place à l'ennui, au dégoût et à la satiété de toutes choses.

La paresse qui devient une passion, est du domaine des tempéramens phlegmatiques, qui cependant ont besoin d'être remués plus que les autres, car le principe vital s'affaiblit facilement chez eux , et c'est de cet affaiblissement que naît la mélancolie. Il est aussi la source des obstructions du foie , de la rate et du pancréas , ainsi que toutes les dyspepsies qui ne proviennent pas de la surcharge de l'estomac. Cet état est la source primitive des fièvres gastriques ou gastro-bilieuses.

L'oisiveté a moins de prise sur les femmes , parce que la nature les a pourvues d'une mobilité morale plus grande que celle des hommes; elles sont très-facilement émues par des plaisirs légers , et les sentimens contraires se succèdent aussi fort aisément. Cette susceptibilité du sexe peut jusqu'à un certain point lui tenir lieu d'exercice pendant quelques années ; mais à la longue et parvenues à un certain âge où les passions sont éteintes , les femmes ont besoin d'exercice corporel , comme les hommes , et il doit être relatif à leur âge et à leur état d'alors.

Il faut distinguer le genre d'oisiveté convenable après la soixantième année , d'avec la paresse qui est une aversion constante pour tout genre d'occupation. Le paresseux ne voit de bonheur que dans l'absence de tout travail, soit de corps, soit de l'esprit. La gloire, les dignités, la fortune même ne lui offrent pas un dédommagement suffisant de la peine qu'il prendrait pour les acquérir. Il ne faut pas confondre ce vice (qui livre l'homme à une inutilité absolue et dont les jouissances consistent, non-seulement à ne rien faire, mais encore à ne penser à rien), avec ce doux loisir nécessaire à l'homme âgé, qui, heureux du fruit de ses travaux et maître de son temps, peut et doit se livrer aux seules occupations qui flattent ses goûts et ses penchans ; il ne faut donc pas, disons-nous, confondre la paresse avec le repos attrayant, l'ataraxie, ce calme heureux de l'ame que l'on goûte après la cessation des affaires publiques, et que *Bernis* a célébré :

> Censeur de ma chère paresse,
> Pourquoi viens-tu me réveiller
> Au sein de l'aimable mollesse,
> Où j'aime tant à sommeiller.

Laisse-moi, philosophe austère,
Goûter voluptueusement
Le doux plaisir de ne rien faire,
Et de penser tranquillement.

C'est par ce genre de repos que l'homme de lettres peut effectuer le vœu de *La-bruyère*, qui desirait que *méditer*, *écrire*, ou *converser*, s'appelât travailler. Certainement c'est un travail et presque le seul qui convienne aux gens âgés, spécialement à ceux qui n'ont jamais eu d'occupations corporelles, pourvu qu'ils y joignent la promenade ; car le travail du cabinet ne peut suffire aux hommes qui ont mené une vie plus physiquement que moralement active ; et il faut se souvenir qu'on ne doit jamais changer subitement ses habitudes. D'ailleurs l'harmonie des mouvemens et du repos fait la principale base de la santé et de la restauration du corps. Ces effets ne pourraient avoir lieu si nous restions continuellement assis, occupés à penser ou à écrire.

CHAPITRE XI.

Du Sommeil et de la Veille.

Pendant le sommeil nos sens sont inutiles, notre ame participe ordinairement au calme que le corps éprouve pendant ce temps. Le cœur et ses dépendances, c'est-à-dire tout le système vasculaire, agit sans interruption ; il est le principal agent de notre vie ; c'est par lui que nos fonctions vitales sont entretenues pendant le sommeil ; et son mouvement est à son tour continué et entretenu par celui du sang qui provoque son irritabilité. Le réveil nous restitue la jouissance de nos sens ; il rend aussi les facultés à notre ame, qui nous procure peine ou plaisir, suivant les sensations qu'elle éprouve alors.

L'Auteur de la Nature nous a constitués de manière que nous devons passer notre vie à veiller pendant le jour, et à dormir pendant la nuit. Ceux qui intervertissent totalement cet ordre, sont tôt ou tard punis de leur infraction à cette loi. L'un et l'autre de ces moyens sont d'absolue nécessité pour maintenir l'ordre de notre diathèse, conséquemment pour la conservation de notre santé et la prolongation de notre vie. L'abus de l'un ou de l'autre y est très-nuisible.

Veiller trop, c'est s'user plus rapidement que la nature ne peut réparer. Pendant les veilles nos déperditions sont plus abondantes que pendant le sommeil ; à plus forte raison, si nous veillons dans une forte agitation physique et morale, et au milieu d'une grande quantité de lumières qui, en brûlant l'oxygène répandu dans l'air, consument une portion relative de l'air vital, puisqu'elles ne brûlent que par lui ; elles nous privent donc de cette portion qui, au lieu de revivifier notre sang, en pénétrant nos poumons, y porte un air plus épais et chargé de miasmes visqueux qui occasionnent souvent la dysp-

née, et excitent la toux par des engorgemens dans les bronches : outre ces maladies les veilles prolongées produisent encore les mêmes accidens qu'un exercice
forcé. Toutes les fibres nerveuses sont
dans un genre d'érétisme, le sang prend
une disposition inflammatoire, et la santé
est bientôt attaquée.

Un sommeil modéré augmente la transpiration insensible qui entretient l'équilibre entre nos fluides et la nourriture que
nous prenons ; il favorise la digestion et
régularise la distribution des sucs nourriciers ; il met le corps à l'aise, et égaye
l'esprit. Toutes les fonctions vitales y pui-
sent une nouvelle énergie, et pendant ce
temps il se forme une précieuse quantité
de fluide nerveux pour subvenir à nos
nouveaux besoins. Si le sommeil est plus
long que l'âge, le sexe, le tempérament,
la saison et la nature des travaux l'exigent,
il devient préjudiciable au moral comme
au physique, il rend le corps lourd et
phlegmatique, parce que le sang se trouve
surchargé d'un grand nombre de corpus-

cules, que des secrétions plus énergiques eussent évacués : delà l'affaiblissement de la mémoire et de l'intelligence qui amène promptement la vieillesse morale. Les gens de lettres doivent dormir plus que les personnes qui ne font qu'un exercice corporel, parce que leur genre d'occupation fatigue plus leur moral.

SECTION PREMIÈRE.

Règles générales pour utiliser le Sommeil.

Pendant le sommeil il faut être couvert relativement à la saison et au local où on le prend ; mais toujours plus que pendant la veille , parce que la circulation se ralentit pendant ce temps , et que le principe vital n'a pas la même énergie, spécialement chez les personnes âgées. La chambre à coucher doit être raisonnablement spacieuse, il ne faut jamais y laisser des fleurs pendant la nuit . mais on peut la parfumer pendant le jour. La chaleur

du lit est un grand remède contre beaucoup d'incommodités survenues par la
fraîcheur et l'humidité qui règnent sur la
fin de l'automne et pendant le froid de
l'hiver ; nous invitons les vieillards à se
coucher de bonne heure et à se lever tard
dans cette saison.

Les grands soupers sont ennemis du
sommeil , il en coûte au corps et à l'ame
la douce tranquillité dont ils ont besoin
pour reprendre des forces. Les songes
qu'ils occasionnent annoncent le trouble
dans les fluides nerveux, trouble occasionné
par une dyspepsie et par la fermentation
des liqueurs spiritueuses qui portent le
désordre dans nos idées comme dans nos
fluides. Trop heureux celui qui, après un
souper bruyant n'a pas de songes accompagnés de terreur! Ceux qui sont fréquemment lugubres annoncent épaississement
dans les liqueurs , embarras dans les secrétions de quelques viscères. Nous exhortons
la vieillesse à s'abstenir du souper , à plus
forte raison de ceux que nous venons de
signaler. Les personnes qui ont besoin de

prendre quelque nourriture avant leur coucher, doivent préférer les potages clairs, ou
des boissons légèrement nourrissantes,
comme les amandés et les laits de poule. Ce
dernier est un précieux analeptique, il divise les humeurs, favorise la secrétion de la
bile en même temps qu'il restaure : les
personnes qui le trouvent fade, peuvent
l'aromatiser avec de l'eau de fleur d'orange
ou celle de canelle orgée.

SECTION II.

Effets du Sommeil.

Nous cherchons souvent à abréger notre
sommeil que nous regardons comme un
temps perdu et dérobé à nos affaires utiles ou agréables ; mais sans ce sommeil
nous serions hors d'état d'y vaquer, nous
n'aurions jamais la vivacité et l'énergie
nécessaires qui en sont la suite et l'effet.
Nous sommes constitués de manière à ne
pouvoir pas dormir autant que le voudraient certains individus.

Le sommeil quoique réparateur de nos forces perdues , ne nous les rendrait cependant point , si la nature de notre mécanisme ne nous forçait au réveil pour prendre de la nourriture ; mais c'est avec de bons alimens dans l'estomac et une facile digestion , qu'un sommeil paisible répare bien les forces perdues.

Le premier avantage qu'il nous procure, est la diminution de nos pertes, c'est ainsi que l'homme qui s'endort, quoique l'estomac vide, commence à se restaurer ; mais lorsque la cessation de ce premier sommeil permet aux paupières de s'ouvrir, ses sens se dégagent peu à peu et reprennent leur activité , les sensations du besoin de se substanter se font sentir. Par le repos , l'estomac a repris la force et l'activité qu'il avait perdues par les veilles.

Quoique le suc gastrique soit alors plus abondant , la mastication n'en est pas moins très-nécessaire, spécialement à la vieillesse : et un nouveau sommeil après ce repas le restaure parfaitement , parce qu'il rend la coction des sucs nourriciers, et la chylification aussi complette que sa distribution : en un mot le sommeil est une des premières lois de la Nature.

SECTION III.

Mécanisme du Sommeil.

Après une longue veille nous ne nous livrons au sommeil que quand notre ame est tellement fatiguée, que le pouvoir qui lui est soumis n'en reçoit plus d'ordre ou ne peut plus l'exécuter ; enfin, lorsque nos sens sont dans une asthénie complette, tous nos organes s'affaissent et tombent momentanément dans une espèce de paralysie, les idées se ralantissent, la corrélation de l'ame avec le corps est interrompue, le mouvement du cœur et des artères étant moins rapide, la pérysistole est prolongée, les secrétions se font aussi plus lentement, mais plus régulièrement.

La déperdition que nous faisons sans cesse, et sur-tout pendant une veille active, est si considérable, que c'est l'épuisement qui nous force au sommeil. Lorsque les fibres ont été trop ou trop long-temps tendues, elles perdent leur ressort, et l'adynamie s'ensuit dans tout le système. Les idées de l'ame pendant la veille ont exhalé une quantité d'esprits vitaux; plus cette veille a été active, plus la dissipation de ces esprits a été grande. C'est de toutes nos pertes la plus fâcheuse : ce fluide qui se forme dans le cerveau, qui se perfectionne dans le cervelet et la moële alongée est le principe de notre activité et le soutien de notre santé; plus subtil que tous nos autres fluides, il anime et éveille la sensibilité morale, il met en jeu nos organes et donne à notre imagination tout son feu et son énergie; il serait bientôt épuisé, spécialement dans la vieillesse, sans le sommeil qui ralentit sa consommation et donne à la nature le temps nécessaire à la formation d'une nouvelle dose.

Quand notre sang est bien imprégné, bien saturé de la nouvelle dose de ce spiritueux, nous éprouvons une abondance d'idées, une force d'ame, une vigueur

de

de corps propres à nous faire surmonter beaucoup d'obstacles ; quand au contraire une agitation très-vive , un exercice très-long-temps soutenu , trop pénible enfin , l'a dissipé, la langueur s'empare de notre ame comme de notre corps : alors il faut de toute nécessité proportionner le sommeil à la déperdition qui s'est opérée, et au temps pendant lequel nous avons veillé.

CHAPITRE XII.

De la Réplétion et des Évacuations nécessaires.

A tout âge le soin des évacuations excrémentitielles doit occuper les hommes, spécialement ceux qui mènent une vie sédentaire et peu active, parce que ces évacuations sont d'une absolue nécessité pour la conservation de la bonne santé, et pour le libre exercice des facultés mentales. La constipation de la vieillesse est ordinairement produite par une toute autre cause que celle de l'âge mûr; communément elle est l'effet de l'inertie ou paresse d'entrailles et non de la chaleur de ces viscères, comme le croit le public. Nous avons vu en pareil cas des femmes prendre huit lavemens presque de suite, sans en rendre un seul, tant les gros boyaux sont susceptibles d'extension par l'inertie.

Cette constipation est très-nuisible aux deux sexes d'un certain âge, par les différens accidens auxquels elle peut donner lieu, mais spécialement aux femmes par les efforts qu'elle les oblige à faire pour parvenir à l'évacuation des matières stercorales. Dans la vieillesse, toutes les parties sexuelles étant dans un relâchement plus grand que dans tout autre temps de la vie, laissent baisser l'*utérus* au point de décider par les efforts une *hystérocèle*, ou une *élytrocèle* (1), genres d'infirmités particulières à ce sexe, état contre nature qui influe infiniment plus qu'on ne le croit sur le fond de la santé des femmes. Indépendamment de ces graves incommodités et de toutes les autres espèces de descente, auxquelles les efforts, pour vaincre la constipation, peuvent donner lieu ; elle empêche encore la bonne

(1) Descente de matrice et de vagin.

digestion et l'égale répartition des sucs nourriciers.

La constipation produit des vapeurs, des vertiges et des maux de tête ; elle procure des incertitudes dans les idées ; elle rend l'appétit capricieux et fait souvent éprouver un mal-aise physique qui influe sur le moral, et qu'on a peine à définir ; on est chagrin sans savoir pourquoi. Si l'évacuation n'a pas lieu naturellement une fois en vingt-quatre ou en trente-six heures, il faut se la procurer une fois en quarante-huit heures, pour éviter les désordres que cet état peut produire, car s'il est fréquent et long-temps continué, il occasionne la cacochylie.

Les lavemens, ou remèdes d'eau tiède, n'ont souvent aucun effet à cause de l'inertie des entrailles ; dans ce cas, il faut ajouter deux ou trois cuillerées de vinaigre, suivant la force dont il sera, ou faire une eau de savon plus ou moins chargée. Ces moyens sollicitent ordinairement l'action des gros boyaux et procurent l'évacuation nécessaire. Les hommes, qui répugnent

plus que les femmes à l'usage des lavemens, peuvent y suppléer par des pillúles
de *savon-amigdalin*, à la dose de vingt
ou vingt-cinq grains par jour, prises à
jeûn, et par dessus lesquelles ils boiront
une demi-verrée d'eau. Si la constipation leur produit l'oxiregmie, ils y
remédieront en avalant par dessus ces
pillules une petite verrée d'infusion de
fenouille.

Nous avons souvent procuré la liberté
du ventre par l'usage du lait coupé avec
une forte décoction de coques d'amandes
de cacao, que l'on trouve toutes rôties
chez les fabricans de chocolat, et dont on
peut faire son déjeûner en y ajoutant du
sucre et du pain.

L'exacte liberté du ventre, proportionnelle à la quantité et qualité des alimens
que l'on prend ordinairement, est une
preuve de la santé parfaite, spécialement
si les matières ont la solidité convenable.
Nous observons cependant que tous les
bons tempéramens ne sont pas toujours
les mêmes, et que la manière de se bien

porter étant relative à chaque constitution particulière, on ne peut raisonnablement attendre une règle uniforme et générale dans les déjections ; car les personnes qui mangent peu et qui font beaucoup d'exercice, ne peuvent rendre autant que celles qui mangent beaucoup et qui font peu d'exercice. D'ailleurs, plus les alimens sont fins et choisis, moins ils doivent produire des matières excrémentitielles. Ainsi donc, pour se maintenir en bonne santé, il faut que les évacuations soient relatives à la nourriture de chaque individu ; car ce qui est bien pour l'un est insuffisant pour un autre. Il y a des personnes qui vont, non-seulement tous les jours à la garde-robe, mais chaque jour à la même heure ; cette constitution est extrêmement rare passé l'enfance.

Une autre évacuation plus urgente encore, et dont la suspension ou suppression a des conséquences plus promptes et plus funestes, est celle des urines.

L'urine est une sérosité qui se sépare de la masse du sang dans les reins, c'est

un fluide savonneux, car il contient en
plus ou moins grande quantité un sel
alkalin, une huile subtile et âcre, indépendamment de la partie terreuse qu'il
charrie. Son évacuation fréquente est
d'une nécessité absolue à tout âge, mais
spécialement dans la vieillesse, où sa
rétention produit des maux effrayans,
comme la *dysurie*, la *strangurie*, l'*ischurie* et l'*hydropisie*.

Mais, sans parler de ces grandes maladies que nous traiterons dans la troisième
Partie de cet Ouvrage, lorsque la secrétion
et l'excrétion de l'urine n'ont pas lieu
dans des quantités proportionnelles et suf-
fisantes, elles occasionnent nombre d'incommodités, parce qu'elles laissent dans
le sang une partie du sel et de l'huile que
ce fluide devait entraîner avec lui; de-là
naît l'irritation des nerfs, la tristesse, les
anxiétés, les insomnies, les vertiges et
l'engourdissement dans les autres fonctions : il faut donc chercher soigneusement la cause de cette suspension, afin
d'y remédier avant qu'elle n'occasionne

bouffissure et empâtement, ou l'une des grandes maladies ci-dessus énoncées, et pour lesquelles nous indiquerons des soulagemens ci-après.

Nous pouvons assurer que l'art de se conserver en santé est celui d'entretenir l'équilibre dans les humeurs; il est donc nécessaire de favoriser les secrétions de chaque partie, et de débarrasser le corps de toutes superfluités, dans la crainte qu'il ne se surcharge. Pour y parvenir, nous avons trois moyens : 1°. Évacuations forcées, quand il y a surcharge; 2°. abstinence plus ou moins grande ; 3°. exercices plus ou moins actifs.

CHAPITRE XIII.

De la Transpiration insensible ; autre genre d'excrétion.

Nous devons d'autant plus nous occuper de cette excrétion pour la vieillesse, que la nature pousse peu du centre à la circonférence, passé un certain âge, qui cependant n'est pas le même chez tous les humains ; car cette fonction dépend de la qualité de l'organe extérieur général, *la peau*, que nous devons considérer comme un organe par lequel notre corps se purifie sans cesse, puisque c'est par elle que s'exhalent une prodigieuse quantité de corpuscules devenues inutiles, et qui seraient bien dangereuses si elles étaient retenues long-temps. C'est pour procurer l'évacuation de ces miasmes,

(250)

que nous conseillons aux personnes âgées
les frictions avec la flanelle ou la brosse,
et ensuite le bain. Ces moyens débouchent
et amollissent les pores de cet organe
général.

La transpiration répercutée par un air
froid et humide devient la source capitale des *rhumes*, des *douleurs*, de la
dyscinésie et souvent des *catarrhes*.

La première indication à remplir dans
ce cas, est le rétablissement de cette transpiration qu'il faut pousser jusqu'à la forte
sueur par tous les moyens que vous trouverez à la fin de ce chapitre.

Quoique *Gallien* ait connu la transpiration de nos corps, ce dont on ne peut
douter d'après les paroles de ce Médecin
qui a dit dans son ouvrage (1) : « Cette
vapeur excrétoire est poussée hors du
corps par de petits orifices que les *Grecs*
appellent des pores, et qui se trouvent
répandus sur toute la peau; elle en est,
dis-je, chassée en partie par la sueur, en

______

(1) *De sanit. tuend.*, *lib.* 2, *cap.* 12.

partie par une insensible transpiration qui échappe à la vue, et dont peu de gens connaissent seulement l'existence. »

SANCTORIUS parle cependant de cette déperdition, comme d'une chose inconnue à tous les Médecins et Philosophes avant lui. Il publia sur ce sujet à Venise, en 1634, quelques aphorismes d'un usage trop nécessaire à la conservation de la santé, pour que nous ne vous en donnions pas un précis. Il était réservé à ce Médecin d'évaluer, la balance à la main, la quantité précise de cette transpiration, de démontrer que la déperdition journalière par cette voie et par l'expiration, est plus abondante que celle qui se fait par toutes les autres voies ensemble, et il était aussi réservé à ce Docteur de donner des règles pour la faire contribuer plus sûrement à la santé. Voici une de ses expériences :

« Un homme sain et robuste, qui mange et boit le poids de huit livres par jour, en perd cinq en ne prenant qu'un exercice modéré. »

Nous observons ici qu'il en est de cette excrétion comme de toutes les autres, que chaque individu transpire plus ou moins facilement, plus ou moins abondamment, selon la saison, le climat où il se trouve, et encore suivant ses habitudes journalières et la nature de sa peau.

Notre Docteur continue et dit : « Tant que le corps conserve chaque jour le même degré de pesanteur, parce qu'il transpire dans la même proportion, la santé se conserve sans altération ; elle décline, au contraire , quand le corps conserve son poids ordinaire, malgré une plus grande évacuation des urines ou des excrémens; et si, au bout de quelques jours, le corps ne recouvre pas son poids proportionnel, soit par une transpiration copieuse, soit par des évacuations plus abondantes, il faut s'attendre à la fièvre, ou à quelque autre maladie.

» Se sentir pesant quand, à la balance, le corps est plus léger, c'est l'annonce d'une disposition tout autrement mauvaise, que de se sentir pesant quand il l'est effectivement : se sentir léger quand, à la balance, le corps est plus pesant, est un signe certain de bonne santé. La preuve qu'on se porte excellemment bien est de pouvoir monter avec plaisir sur une hauteur. La douleur de tête ou de quelqu'autre partie du corps, la crainte et la tristesse diminuent la transpiration, ainsi que les urines; la joie augmente la transpiration; le jeu de l'éventail l'arrête quelquefois; alors en rafraîchissant la physionomie, il échauffe la tête et la rend pesante. Les jeunes gens transpirent naturellement plus que les vieillards, indépendamment du mouvement qu'ils se donnent. »

Voilà ce que *Sanctorius* nous a laissé de plus précis sur la transpiration insensible. Après lui sont venus *Keil* et *Lemonier*, dont le résultat des observations est le même; d'où nous pouvons conclure que la transpiration insensible est très-nécessaire à la conservation de la santé, et que son interruption y est bien nuisible. Mais comment savoir précisément combien on doit transpirer dans la vieillésse pour se conserver en santé? Il faudrait connaître le poids de ce qu'on boit et mange pour en perdre les cinq huitièmes, d'après l'avis de ces Docteurs, et pour ce il faudrait être fréquemment dans la balance.

Nous pouvons assurer que les bons Médecins vous prescriront, comme nous, une règle certaine de vous conserver en santé, moins assujettissante que celle de *Sanctorius*.

Suivez votre appétit naturel qui, s'il n'est provoqué par aucune gourmandise, aucune sensualité, sera relatif à vos facultés digestives. Sortez toujours de table avec le desir de manger encore, au lieu de la quitter par la satiété et le dégoût. Faites de l'exercice quelques heures après le repas; parlez ou lisez à haute voix et vous transpirerez suffisamment si vous n'êtes pas en butte à un vent trop actif ou trop frais. Si vous vous trouvez moins dispos un jour qu'un autre, mangez un peu moins à chaque repas, faites plus d'exercice, ou buvez quelque diurétique qui,

vous faisant uriner plus, vous débarras-
sera des superfluités qui vous surchargent:
en observant ce régime, non-seulement
vous ne serez point assujettis à vous peser,
mais vous n'aurez pas souvent besoin de
Médecin.

Nous pouvons vous affirmer encore que
tout ce qui empêche le sommeil nuit à la
transpiration; mais cependant le corps
tranquille sans sommeil transpire plus
quand l'ame est agitée et vivement affec-
tée de quelque passion, que pendant un
grand exercice de corps, lorsque l'ame
est dans une ataraxie complette.

La transpiration insensible arrêtée,
comme la sueur répercutée, peut produire des maladies graves et souvent mortelles, spécialement chez des personnes
déjà avancées en âge, parce qu'elle est
plus difficile à rétablir que dans la jeunesse. Si on ne peut faire un exercice
forcé, soit à pied, soit à cheval; si on ne
peut jouer à la paume, au ballon, ou au
volant, il faut se faire frotter avec des
flanelles et se mettre dans un bain un peu

chaud pendant une heure à peu près, suivant le bien-être qu'on y éprouvera : on aura soin, en quittant ce bain, de se mettre dans un lit chaud, où on se fera couvrir pour y suer, et où on boira le plus chaudement possible une infusion diaphorétique, comme celle de *fleurs de sureau*, de *bourrache*, de *véronique mâle*, ou de *verveine*. Les vieillards sujets à quelques douleurs de goutte vague, feront sagement de préférer la décoction du bois de sassafras, en un mot, on usera de tous les moyens possibles pour rétablir cette secrétion d'une nécessité absolue à la santé. Si tous ces petits moyens ne réussissent point, il faudra en venir aux évacuans pour éviter une maladie.

CHAPITRE

CHAPITRE XIV.

De la Propreté.

Un autre point bien essentiel à l'entretien de la transpiration, conséquemment à la conservation de la santé, dans tous les temps de la vie, mais spécialement dans la vieillesse, est l'*extrême propreté;* elle a été mise au rang des vertus sociales, non-seulement parce qu'elle influe puissamment sur la conservation de ceux qui la pratiquent, mais encore parce que la mal-propreté peut occasionner des maladies épidémiques. Nous voyons que les personnes soigneuses de la propreté individuelle, quoique continuellement dans l'air morbifique, comme nos sœurs hospitalières, sont en général plus saines et moins sujettes aux maladies, que celles qui , loin de ces hospices , et en plein air , vivent dans leur crasse.

La propreté , tant dans les vêtemens , que dans les maisons , empêche les pernicieux effets de l'humidité , des mauvaises odeurs , des miasmes contagieux qui s'élèvent de toutes choses abandonnées à la putréfaction ; elle fait qu'on renouvelle l'air des appartemens , lequel produit la revivification du sang en lui apportant une nouvelle dose d'oxigène , ce qui porte la joie dans l'ame.

La propreté décide à brûler de temps en temps quelques plantes aromatiques qui sont amies des nerfs , et à purifier l'air des lieux d'aisance.

La plupart des Législateurs anciens ont fait de la propreté un des dogmes essentiels de leurs religions ; ils ont institué des cérémonies sacrées d'ablution , de purification , tant par l'eau que par le feu , c'est-à-dire par les bains et les fumigations aromatiques ; en sorte que tous les rites de choses pures et la défense des impures n'étaient fondées que sur l'ob-

servation que des hommes sages et instruits par l'expérience , avaient fait de
l'influence que la propreté en général
exerce sur la santé des humains , conséquemment sur l'esprit et les facultés morales , qui , comme nous le savons , émanent des physiques.

Malgré les soins ordinaires chez les
gens bien élevés et que l'on ne peut accuser de mal-propreté , nous avons vu des
personnes de différens sexes et de différens âges couverts de poux , symptômes
ordinaires de négligence dans les lois de
la propreté : ces irruptions spontanées
de vermine que l'on voit quelquefois sortir
des pores de la peau , annoncent la cacochimie de la portion de la matière de la
transpiration insensible qui se filtre par
les glandes sébacées.

Indépendamment des soins nécessaires
pour empêcher la multiplication de cette
vermine , il faut faire passer dans le sang
de ces personnes des sucs anti-scorbutiques. Pour la vieillesse le vin anti-scorbutique est préférable au sirop et au jus de

ces plantes : Ce vin se prend graduellement depuis une once jusqu'à quatre, suivant l'âge, le tempérament et la saison. Quoique nous donnions aux jeunes personnes le sirop anti-scorbutique de préférence au vin, nous faisons cependant boire de ce vin, quand l'irruption de la vermine a lieu chez les jeunes filles qui sont en proie à l'asthénie, compagne assez ordinairement de la *chlorose*, ou le difficile établissement de la menstruation ; c'est dans ce cas un moyen préférable au safran et à tous autres remèdes ; non-seulement il provoque la nubilité, mais il donne à ces intéressantes créatures le courage de faire l'exercice qui leur est alors d'une nécessité indispensable ; et il détruit cette vermine dont nous avons vu quelques jeunes demoiselles bien soignées, couvertes, non pas de la tête aux pieds, mais depuis les aisselles jusqu'aux pieds, ce qui manifeste bien la perversion de l'humeur sébacée.

CHAPITRE XV.

Du troisième Age des Femmes ou de leur Automne.

Nous avons dit au commencement de cet Ouvrage, que l'homme parvient, presque sans s'en douter, à l'automne de sa vie ; il n'en est pas de même de la femme : cette époque devient pour elle, une crise dangereuse, et les accidens qui la menacent alors doivent la décider à recourir souvent au Médecin. L'intervalle qui s'est écoulé entre l'époque de sa nubilité, et celle-ci qui amène la cessation du flux menstruel, ayant été rempli par l'amour conjugal, la tendresse maternelle et tous les soins qu'elle entraîne ; la femme arrive à son automne, (époque où la nature qui lui refuse une partie des attributs de son sexe , l'avertit qu'elle ne pourra plus coopérer à la propagation des humains). Ce moment demande de grandes attentions , car c'est du régime , et du soin de ne pas contrarier la nature dans le dernier effort qu'elle fait, que dépendent la santé et le bonheur de ce sexe , jusqu'à la fin de sa carrière.

La nature toujours sage et prévoyante n'a pas voulu que cette cessation fût subite , mais au contraire , que les époques où les règles arrivaient ordinairement variassent dans leurs périodes par des évacuations souvent prolongées, et aussi par des retards , puis par des absences de quelques mois , elle habitue graduellement la femme à cette cessation qui serait très-dangereuse si elle avait lieu subitement. Chez d'autres , au contraire, la menstruation devient plus abondante à chaque époque , et souvent la fréquence de ces périodes augmente de manière que la femme a ses règles deux fois le mois.

La diversité des tempéramens acquis pendant le temps des jouissances détermine les diverses modifications de cette époque qui comporte autant de variétés dans la manière dont se termine ce phénomène, qu'il en a procuré pour son établissement. Cette cessation arrive ordinairement suivant l'âge où la nubilité s'est manifestée, comme aussi suivant l'emploi que les femmes ont fait de leur vitalité, et suivant la constitution primordiale qui a déjà subi des changemens qui ont amené graduellement la perte de tous les charmes de la belle saison de la vie ; perte que nous ne pouvons empêcher ; mais qu'il est en notre pouvoir de modérer et de ralentir, par le moyen de *l'hygiène*, c'est-à-dire, par un régime approprié aux circonstances et aux divers tempéramens des différens individus.

Nous rendons donc un grand service à ce sexe, qui a une horreur innée de la destruction de ses charmes, en lui indiquant les moyens de suivre la nature pas à pas, pour empêcher le temps, *ce cruel tyran*, d'accélérer sa perte vers la dégradation et désorganisation générale. Pour procéder avec méthode et clarté , nous examinerons la femme sous les rapports des influences physiques et morales, parce que ce n'est que par la connaissance des modifications que l'ordre social a apportée à ces êtres, que des Médecins philosophes peuvent les ramener à la nature , et parce qu'en général ce sont ces agens qui enchaînent les femmes à la vie , ou qui les en détachent.

Cette dernière révolution de la vie du sexe produit ordinairement de grands changemens dans son physique et dans son organisation morale, ces changemens lui font éprouver assez fréquemment des indispositions telles , qu'elles lui donnent de grandes inquiétudes pour sa santé , pour sa vie même. Nous croyons pouvoir le rassurer , en lui affirmant que dans l'ordre naturel, cette crise qui lui paraît si redoutable (et qui l'était réellement avant les grandes connaissances physiologiques acquises maintenant sur l'organisation de l'*utérus* , viscère d'où dépend sa bonne ou mauvaise santé), n'a rien de

bien dangereux aujourd'hui pour les femmes qui , loin d'avoir abusé de la vie ,
en ont convenablement usé ; et que cette
époque qui s'annonce souvent par des
symptômes alarmans , se passe sans grands
orages , quand les tempéramens ne sont
point détériorés par les effets de leurs
affections morales , ou par des maladies ,
et quand on suit les indications que présente la nature qui la prépare et la conduit
graduellement et doucement , lorsqu'on
ne contrarie pas sa marche.

Le tempérament de la femme change
beaucoup à cette époque de sa vie , parce
que le foyer de vitalité surabondante , qui
s'est manifesté comme le grand moteur des
affections et des passions, pendant le cours
de la jeunesse des femmes , *l'organe de
la génération en un mot* , perdant cette
surabondance de vitalité qui lui était survenue au moment d'une heureuse et facile
nubilité , revient à la vie simple de toute
autre partie de l'individu , et occasionne
sur ces autres parties le reflux du sang qui
se portait à *l'utérus.*

Toute femme qui ne voudra rien avoir à redouter du passage de son été à son automne, doit redoubler de soins et de précautions dès qu'elle passe sa quarantième année. Les préservatifs de tous dangers sont dans un régime qui fera exercer toutes les parties du corps, dans l'abstinence de tous les alimens et boissons qui peuvent maintenir le sang dans une effervescence aussi considérable que celle que produisent les grandes passions, qui deviennent alors plus dangereuses que jamais. Dans ces circonstances il faut que les femmes entretiennent et favorisent la liberté du ventre pour prévenir les embaras des viscères et les spasmes de ceux qui en sont susceptibles, et pour empêcher l'altération de leur physionomie.

Procédés pour éviter les orages auxquels la cessation du flux menstruel donne souvent lieu.

Le principe vital, cet agent de notre existence, anime nos organes d'une manière distincte et particulière à chacun d'eux ; la perte d'un ou de deux n'influe pas beaucoup sur notre vitalité générale. Nous en trouvons une preuve sensible chez la femme , par ce qui lui arrive lors de la cessation du flux menstruel : cessation que nous pouvons regarder comme précurseur de la mort du viscère qui produisait ce flux , car il s'éteint peu à peu et s'anéantit presque par cette cessation , qui souvent détermine une maladie de l'*utérus* , ou de quelqu'autre viscère très-essentiel à la vie , comme le foie.

Lorsque le cours du flux menstruel doit cesser d'une manière orageuse , il survient irrégularité et désordre dans les fonctions vitales , lesquels s'annoncent par une nuance bilieuse que prend la peau , les dyspepsies deviennent fréquentes quoiqu'on ne charge pas trop son estomac et que l'on mâche longuement , le sommeil est souvent troublé par des rêves fâcheux.

Ce qu'il y a de mieux à faire dans cette circonstance , est de se mettre à l'usage *des eaux de Vichi*, pour rendre la bile plus fluide , et aider les fonctions du foie et du pancréas. Si cette eau bue à la dose d'un litre par matinée ne suffisait pas pour procurer la liberté des fonctions abdominales , on joindrait l'usage des pillules savonneuses du codex à la dose de douze jusqu'à dix-huit grains, selon les tempéramens, et celui des lavemens. On peut augmenter l'effet de ces eaux en y ajoutant de temps à autre une demi-once de sel d'*epsom*.

Il est instant dans cet état de s'opposer au reflux sanguin de l'*utérus*, sur le foie ; ce reflux pourrait y décider engorgement et peut-être obstruction. Il faut en même temps éviter l'abondance sanguine sur l'utérus qui donnerait fréquemment des pertes de sang suivies de pertes lymphatiques, car les unes et les autres détériorent sensiblement l'organe de la digestion si précieux à l'entretien et au rétablissement de la santé. Pour éviter ces accidens, on aura soin d'entretenir non-seulement la liberté du ventre, mais en-

core la régularité du flux hémorroïdal,
si la femme y était sujette, parce que l'en
gorgement de *l'utérus* donne lieu aux affections histérico-spasmodiques, spécialement lorsque le flux hémorroïdal est supprimé.

Les femmes affectées de pléthore sanguine qui peut devenir dangereuse à cette
époque, éprouvent fréquemment au visage des sensations incommodes de chaleur ; elles sont très-sujettes à la dyspnée,
parce que le sang qui circule difficilement
dans les veines mésaraiques et spléniques,
se dégorgent lentement dans la veine-porte,
et reflue souvent du côté de la poitrine et
de la tête ; alors elles éprouvent du gon-
flement dans les articulations inférieures,
la dyscinésie s'empare fréquemment de
leurs reins, et elles sont souvent tourmentées par des affections douloureuses dans
toute la région des parties sexuelles. Souvent aussi elles sont en proie à un sommeil lourd et profond, elles éprouvent
beaucoup de difficultés à fermer le poing
lorsqu'elles s'éveillent, symptômes d'une

pléthore qui conduirait bientôt à une at=
taque d'apoplexie , ou à une perte utérine
considérable ; d'autres fois elles sont tourmentées d'une grande insomnie.

Quand une partie de ces symptômes
pléthoriques existent, il n'y a pas de temps
à perdre , la femme n'eût-elle qu'une ou
deux époques manquées , il est nécessaire
qu'elle se fasse appliquer quelques sangsues
au fondement pour rappeler le flux hémorroïdal , ou y suppléer par le sang dont
ces animaux se gorgent ; car ce flux est
aussi essentiel à entretenir quand il est
habituel , que toute autre évacuation. Si
la femme n'était pas sujette au flux hémorroïdal, elle doit se faire tirer au bras,
une poêlette ou trois onces de sang , si
elle veut éviter une perte d'autant plus
fâcheuse, qu'elle n'arrive qu'après que la
pléthore sanguine a forcé les sinus uté-
rins et qu'elle a jeté l'*utérus* dans une espèce d'athonie , ou au moins d'asthénie
qu'il n'est pas toujours facile de vaincre.

On n'est pas maître alors de faire cesser
cette évacuation sanguine qui, après avoir

duré plus ou moins long-temps , entraîne celle de la lymphe , écoulement connu sous la dénomination de blennorrhée , qui achève d'épuiser la femme et la détériore complettement en l'empêchant de faire de bonnes digestions, car l'estomac souffre de ces pertes : c'est ainsi que les plus jolies femmes voyent disparaître tous leurs charmes avec leur santé ; tandis qu'elles pourraient conserver celle-ci avec une partie de leurs agrémens , en se laissant diriger par un homme intelligent qui suivra les indications que la nature du tempérament et les événemens antérieurs à celui-ci indiqueront.

Les femmes qui éprouvent très-peu des symptômes ci-dessus énoncés , notamment point d'engourdissement , peuvent attendre , pour se faire saigner jusqu'à la quatrième époque , et plus tard encore , si dans l'intervalle elles ont un flux hémorroïdal ; mais pour ne pas compromettre leur santé , elles ne doivent rien faire sans l'avis du Médecin qui conseillera d'après l'état du pouls. Dans le cas dont nous parlons, il faut éviter les copieuses saignées, parce qu'elles jettent l'*utérus* dans une asthénie qui entretient un écoulement san-guinolent qui fatigue et occasionne sou-vent la dyspepsie. Il faut que la dose du sang que l'on fera tirer soit toujours pro-portionnée à l'abondance des évacuations menstruelles qui avaient lieu avant la sup-pression.

La constitution vasculaire chez certains tempéramens ne pouvant se prêter que difficilement à la suppression d'une éva-cuation qui lui était devenue nécessaire, produit des affections hystérico-spasmo-diques qu'il est bien intéressant de cal-mer, non-seulement par les anti-spasmo-diques, mais encore par un régime doux approprié au tempérament d'alors, en évi-tant les alimens et les boissons stimulan-tes et trop actives. Souvent aussi cette suppression produit dans les organes di-gestives un grand embarras accompagné de borborigmes et quelquefois d'oxi-regmie, toute la région épigastrique est tendue et douloureuse, au point que la plus

plus petite dose d'alimens , quoique bien
mâchés , devient insupportable. Il faut
bien s'assurer alors , s'il y a spasme , car
dans ce cas les toniques et les cordiaux
sont bien contraires , puisqu'ils produisent la dyspepsie au lieu de faciliter les
digestions ; et faisant séjourner pendant
trop de temps , la pâte alimentaire dans
l'estomac , ils la font tourner à la fermentation acéteuse , au point que quelques personnes ont des renvois tels que ceux d'un
vinaigre chaud. Dans ces cas les boissons
anti-spasmodiques font cesser la dyspepsie,
et l'usage des absorbans détruit les aigreurs,
après quoi la digestion devient facile.

Il n'en est pas de même lorsque ces
accidens sont la suite d'une perte abondante qui en affaiblissant l'estomac et le
système vasculaire lymphatique , produit
l'écoulement d'un flux blanc pendant l'intervalle des périodes sanguines : il est nécessaire d'opposer à ce flux symptôma-
tique de faiblesse ou d'asthénie du système vasculaire lymphatique, toujours nuisible au rétablissement des organes di-

s

gestifs , l'usage des eaux ferrugineuses.
On pourra y joindre celui du vin ou du
sirop anti-scorbutique , spécialement si
la femme a eu antérieurement quelques
pertes abondantes , ou si elle a été sujette aux fleurs blanches. On fera usage
du sirop ou du vin , suivant la constitution ferme ou relâchée d'alors , et suivant
la sensibilité de l'estomac.

L'usage du sirop anti-scorbutique se
commence à la dose d'une cuillerée à
bouche avec autant d'eau , à jeûn , quand
l'estomac n'est pas irritable , ou quelques
heures après le repas si l'estomac ne le
supporte pas à jeûn ; quelques jours après
on augmente la dose d'une demi-cuillerée
de sirop sans augmenter celle de l'eau ,
et dans l'espace de huit à dix jours on
la porte à deux cuillerées : il y a beaucoup de tempéramens à qui il en faut
jusqu'à trois onces par jour ; alors il faut
augmenter la dose de l'eau pour rendre
ce sirop assez fluide pour l'avaler facilement. L'usage du vin anti-scorbutique
se commence par une once pour le porter

graduellement jusqu'à trois , sans eau , en augmentant tous les trois jours d'une demi-once. Il faut en même temps faire usage de l'opiat suivant :

P. Extrait de genièvre, deux onces;
Poudre de gentiane , demi-once;
Safran de Mars , une once.

Incorporez le tout dans suffisante quantité de miel de Narbonne, pour faire un opiat de ferme consistance, dont on prendra demi-gros par jour en un ou deux boles , ou divisé en six pillules de six grains chaque, que l'on prendra à jeûn , en buvant par dessus une verrée d'eau sucrée. Les femmes qui se décideront pour l'usage de ce remède boiront leur anti-scorbutique quelques heures après le dîner.

Il y a quelques circonstances où il serait mieux de remplacer la poudre de gentiane par celle d'un bon quinquina, ou de joindre à la composition ci-dessus une demi-once de sel essentiel de cette écorce. C'est au directeur de la santé à juger de ces

circonstances, qui sont ordinairement indiquées par la perte de l'appétit, par l'asthénie générale du système vasculaire;
ce qui se reconnaît à la longueur de la
pérysistole et à l'extrême dyspepsie : c'est
ici le cas de se souvenir qu'on ne digère
facilement, qu'autant que la mastication a
été longue.

Sitôt que l'évacuation menstruelle n'a
plus lieu, la santé de la femme n'est plus
sous l'influence du viscère qui la produisait; et lorsqu'elle est hors de cette
crise, la vitalité de l'*utérus* refluant sur
tout l'individu, la femme recouvre ordinairement une santé assez constante; elle
prend de l'embonpoint et une fraîcheur
qui réparent ses charmes; cette précieuse
créature gagne au moral ce qu'elle a perdu
au physique, son amitié acquiert de l'énergie et de la stabilité, et celles dont l'esprit
a été cultivé, celles enfin dont l'éducation a été soignée, conservent encore des
moyens de séduction, spécialement pour
les Philosophes, qui font plus de cas du
moral que du physique : ces femmes par-

viennent sans une manifeste dégradation à la quatrième période de leur vie, et sont encore aimables dans leur vieillesse.

L'année où le flux menstruel cesse de couler, peut être considérée comme une année climatérique septénaire, c'est-à-dire que quand les femmes survivent à cette époque, elles sont comme les hommes qui ont passé leur soixante-troisième année, presque certaines de parvenir à un âge très-avancé, si elles ont soin de suppléer à cette excrétion en augmentant les autres, et en évitant la pléthore, qui peut donner une attaque d'apoplexie sanguine; pour ce, elles doivent entretenir la liberté du ventre et favoriser la transpiration par des vêtemens légers, mais chauds, et par un fréquent exercice. Il leur est encore bien intéressant d'éviter, plus que jamais, les affections fâcheuses de l'ame, sur-tout celles qui, par une influence lente et prolongée, favorisent la stagnation des humeurs, source des engorgemens des viscères. L'état mélancolique leur est plus funeste alors qu'en tout autre temps de la vie.

L'observation nous a prouvé que la plus grande partie des hommes qui meurent à cette époque, ne perdent la vie que par la négligence de leur santé, et que pour n'avoir point assez tôt renoncé à leurs habitudes, et sur-tout à l'attrait de la volupté si dangereuse à la vieillesse, et pour ne s'être pas rendus tributaires de la sobriété. Pour notre malheur, nous nous persuadons difficilement que *la sagesse tourne toujours au profit de la santé.* Cependant les Hébreux (1), les Grecs (2) et les Romains (3), chez lesquels la vieillesse était fréquemment prolongée sans infirmité, nous ont laissé des préceptes pour conserver la santé.

(1) Les *Hébreux*, notamment dans l'Ecclésiaste.

(2) Les *Grecs* dans *Hippocrate* et ses disciples.

(3) Les *Romains*, car c'est sous le règne d'*Auguste* que sont éclos les ouvrages de *Celse*, de *Vitruve*, de *Columelle*, de *Varron*, etc. L'Hygiène, depuis ce temps, n'a fait aucun progrès sensible; mais aujourd'hui on en fait une application plus raisonnée, parce que la physiologie nous est mieux connue.

TROISIÈME PARTIE.

DES PASSIONS

ET DE LEUR INFLUENCE SUR LA SANTÉ.

Les passions sont des desirs, des affections, des résolutions de l'ame, dans lesquelles nous nous plaisons ordinairement,
puisque chacun de nous a sa favorite ; elles
tendent à notre conservation et à notre
bonheur, quand nous savons les gouverner. L'amour pour ce qui nous plaît,
la répugnance et l'éloignement pour ce
qui peut nous nuire, quoique deux sentimens opposés n'en sont pas moins les
effets de deux desirs qui nous conduisent
immédiatement à la conservation de notre

être. L'un nous fait rechercher ce qui peut nous procurer satisfaction et plaisir que nous prenons pour le bonheur; l'autre nous fait éviter tout ce qui nous contrarie et tout ce qui peut faire notre malheur, conséquemment ce qui nuit à notre santé.

Le sage, qui sait que l'homme sans passion est un être chimérique, dirige vers le bien ce qu'il ne peut détruire, et convertit souvent une passion en une vertu; c'est ainsi que l'envie modérée devient émulation. Le desir et l'aversion sont des vertus quand la raison les dirige. La peur, qui fait prévoir et éviter les dangers, n'est que prudence, etc.

Il est aisé de reconnaître que l'Auteur de la nature n'a mis dans le cœur de l'homme qu'une passion primordiale, qui est le desir de se conserver en se rendant heureux; car celui de se régénérer n'est qu'accessoire. L'amour, ce terme générique dont nous nous servons pour exprimer notre manière d'aimer fortement, est toujours relatif à notre bonheur, et c'est de ce desir de nous rendre heureux, que sont nées toutes les passions qui, en nous maîtrisant, causent nos maladies et nos malheurs.

La passion primitive de l'homme n'est donc que l'exercice du droit naturel que chacun de nous a de se conserver et de se rendre heureux ; mais ce droit naturel devient dans la société illégitime et criminel lorsque nous le satisfaisons au préjudice de nos concitoyens : on sent que la faim, la soif, et cet autre besoin que nous avons qualifié d'*amour*, furent la source des passions qui se sont accrues et multipliées par les besoins qu'a fait naître la civilisation.

Les passions, toutes fâcheuses qu'elles sont, deviennent cependant nécessaires à l'homme, car on ne peut se dispenser de convenir que sans elles il serait réduit à une vie presque végétative, et son activité serait bornée à la vie animale, comme celle du sauvage : cet état ne peut suffire à l'homme civilisé. Les secousses, les agitations, les desirs sans cesse renouvelés, qui sont le fruit de son imagination

et de ses connaissances, ses sentimens
d'amitié, de bienveillance et d'amour; en
un mot, toutes ses affections morales, ses
élans même, vers un siècle qu'il sait bien
qu'il ne peut voir, sont des résultats de
l'amour social aussi essentiels à son ame,
que l'air l'est à son existence; l'excès seul
y est contraire.

Les passions bien dirigées sont nécessaires à l'individu qui en est affecté, et à
la société dont il fait partie; mais malheu-
reusement ce qui était destiné par la nature à conduire l'homme au bien-être et
au bonheur dont il est susceptible, est
devenu l'instrument de son malheur. L'*a-
mour*, par exemple, est une passion très-
dangereuse qui nuit fréquemment à notre
conservation, parce que, voulant trop le
faire servir à ce que nous appelons notre
bonheur, il devient, par l'abus que nous
en faisons, l'origine de nos plus grands
maux, et la source de notre destruction.

Dans l'état actuel de nos sociétés, les
passions ont un effet continuel, au lieu
d'être passager et propre à imprimer un

mouvement salutaire à nos humeurs ; elles
sont portées à un degré d'activité qui ne
laisse pas respirer ceux qui en sont dominés ; elles entraînent l'ame hors de son
état naturel et rendent les hommes fous ;
elles sont devenues un feu dévorant, une
fièvre ardente qui consument la plus belle
portion de la vie, et conduisent les humains jeunes encore au tombeau : aussi
voyons-nous maintenant peu de gens parvenir à une grande vieillesse, et la majeure partie de ceux qui l'atteignent physiquement, ne sont plus, au moral, que
des enfans.

L'organisation morale est primitivement
la même chez les individus des deux sexes,
avec cette différence, que la femme est
douée d'une sensibilité plus grande, plus
fine, plus exquise que l'homme, en raison
inverse de sa force physique ; mais l'éducation modifie tellement les dispositions
naturelles de ce sexe, que la femme diffère de l'homme autant par le cœur et
l'esprit que par les formes et la physionomie.

L'ame chez le sexe étant plus sensible, est conséquemment plus susceptible d'affections sentimentales qui ont un empire assez considérable sur le plus grand nombre des femmes; il est absolu sur celles dont la mobilité des nerfs est excessive; aussi les passions sont-elles plus dangereuses pour leur santé, que pour la nôtre : les femmes doivent donc apporter plus de soins à les tempérer et à les modifier.

La véhémence des passions qui assiégent les hommes, dépend des moyens que la nature leur a donnés pour les satisfaire. A quoi servirait, par exemple, à la femme une audace que son impuissance démentirait à chaque instant? Les passions douces étant les plus analogues à sa constitution et à son organisation morale, lui sont les plus familières : l'*amitié*, la *bienveillance*, la *compassion*, l'*attendrissement* et l'*amour* sont les sentimens qu'elle éprouve le plus fréquemment, et deviennent des passions auxquelles elle s'abandonne avec le plus de satisfaction.

Les passions excessives sont des maladies de l'ame, qui entraînent celles du corps. La paix de l'ame étant un des moyens les plus propres à conserver la santé, il est d'absolue nécessité de se rendre maître de soi, de conserver la santé morale pour entretenir celle du physique : la vraie philosophie nous en fait un devoir, et la femme doit y apporter une attention scrupuleuse; car toutes les ordonnances des Médecins échouent contre les maladies du corps, qui procèdent de celles de l'ame.

Parlez donc toujours sincèrement à votre Médecin, si vous voulez guérir radicalement. Le Médecin est homme sujet aux passions comme les autres; c'est par cela même et par l'expérience qu'il a acquise avec l'âge, que, connaissant mieux les effets et les suites des passions, il vous donnera plus facilement qu'un autre les moyens d'éviter le mal qu'elles produisent, et les procédés pour les modifier.

Que de gens eussent abrégé leurs infirmités et prolongé leur existence, s'ils eussent fait à propos une confession fidelle

à de vieux Médecins; car celui que l'âge
a instruit dans la connaissance du cœur
humain, est Médecin de l'ame comme du
corps; tandis que le jeune homme ne peut
qu'à peine posséder la théorie de la Me-
decine physique, science pour laquelle il
faut encore qu'une longue expérience lui
fasse connaître tous les différens tempéramens auxquels tiennent la variété et la
gradation des différentes maladies, ainsi
que des remèdes.

En vain l'on observe le meilleur régime,
en vain on l'accompagne de l'exercice le
plus sagement réglé, en vain on est journellement à la table de la sobriété; si on
s'abandonne à quelque passion vicieuse,
il n'en faut pas davantage pour empêcher
tous les salutaires effets de ce régime. Les
vices sont les ennemis du principe vital.

Les passions originaires et primitives
étaient bornées aux six suivantes : *Aimer*
ou *haïr*, *desirer* ou *craindre*, *rechercher*
ou *fuir;* telles sont encore celles des sauvages : de ces six sont émanées celles
que nous connaissons maintenant , et

qui tyrannisent les humains ; mais elles ne sont pas toutes au même degré chez chaque individu.

Les plus dangereuses à la santé de ceux qui en sont dominés , ainsi qu'à la société en général, sont la *concupiscence*, l'*ambition* et l'*envie* , parce que d'elles trois dérivent toutes les autres et avec elles tous les crimes qui marchent à leur suite. Les deux premières sont des passions dominantes chez les Français ; ils s'abandonnent trop fréquemment à l'amour sensuel pour qu'il ne nuise pas beaucoup à leur santé , à leur vitalité même : aussi cette Nation dégénère-t-elle beaucoup dans les grandes villes et les villages circonvoisins ; et si quelques robustes habitans des campagnes plus éloignées , ainsi que quelques Suisses et quelques Allemands ne venaient, de temps à autres , s'établir dans les Cités pour soutenir et fortifier la génération de ces citadins, la race de ces voluptueux habitans des grandes villes ne serait bientôt plus qu'une compagnie de convalescens.

CHAPITRE PREMIER.

De l'Amour sensuel.

Puisqu'il est reconnu que l'amour sensuel est funeste à la jeunesse , on conçoit facilement de quelle conséquence il est pour la vieillesse ; il porte le désordre dans le moral , et prive de cette douce ataraxie plus nécessaire à cet âge qu'à tout autre , pour la conservation de la santé et la prolongation de l'existence heureuse.

Cette passion dissipe le fluide vital , produit la *tristesse ;* le *mécontentement* et la *faiblesse accompagnée de froid ;* elle hâte la vieillesse et la mort. Les vertus, au contraire , en donnant le contentement , rappellent le principe vital , le fortifient et le propagent ; elles sont

la

la source de la santé. Le vieillard prudent doit donc apporter une extrême
attention à ne pas se laisser dominer par
ses passions , car elles sont les tempêtes
de l'ame , et comme des torrens , elles
bouleversent le moral et entraînent le physique.

Les philosophes Grecs, reconnaissans
envers l'Être-Suprême, regardèrent la
santé comme le plus beau des dons qu'il
eût fait à l'homme ; et jaloux de conserver
ce précieux don, ils ne négligèrent rien
de ce que la raison et l'expérience purent
leur dicter : de-là la simplicité de l'art de
guérir qui fut chez eux presque uniquement fondé sur le régime; de-là les nombreux préceptes hygiéniques que nous ont
transmis *Hippocrate* et ses descendans.

———

CHAPITRE II.

De l'Ambition.

L'AMBITION dont nous voulons parler est le desir insatiable de parvenir à la fortune, aux grandeurs et à la domination ; quel que soit le but qu'elle se propose, elle est une des passions des plus destructives de la santé, c'est le vautour attaché sur *Prométhée*, c'est un feu dévorant qui après avoir desséché le moral épuise le physique, et ne quitte sa victime qu'après avoir vu fermer la tombe sur elle.

L'ambitieux demande sans cesse à la fortune qui le favorise, car il n'a pas plus tôt obtenu, que le plaisir fuit avec le moment qui la fait naître, et un nouveau desir qui lui succède, est pour lui la roue d'*Ixion*; il se plie et se replie comme le serpent; et il en a tout le venin, quand il faut éloigner un concurrent. L'ambitieux, toujours desirant, ne peut jamais être satisfait; altéré de la soif des honneurs, il n'en est pas plus tôt revêtu, qu'il ne jouit point de la satisfaction qu'elles doivent amener, parce qu'il en voit au dessus des siennes, et les hommages que lui procurent ces dignités n'ont plus de prix à ses yeux, dès qu'il est obligé d'en reconnaître de supérieures.

L'ambition est une des plus dangereuses passions, parce qu'elle est le foyer de presque toutes les autres et la source des vices qui troublent la société; car elle rend l'homme dont elle s'est emparé très-méchant. L'ambitieux ne croit point à la vertu, ni au mérite de ses concitoyens; il est incapable de franchise, de droiture et d'équité.

L'honnête homme est plus juste, il approuve en
    autrui
Les arts et les talens qu'il ne sent point en lui.

L'ambitieux prend toutes les formes pour parvenir à son but ; la bassesse, la calomnie, les noirceurs et les forfaits même sont les moyens familiers dont il se sert pour satisfaire son desir ; tout lui est propre ; il ne connaît de honte que celle de manquer son objet.

Cette passion s'empare plus volontiers des tempéramens bilieux ou mélancoliques et de ceux qui participent de ces deux, que de tous les autres ; sa source morale est un amour propre excessif dégénéré en orgueil, autre passion bien fâcheuse dans la société. L'ambition de la fortune seule peut occasionner de grands malheurs quand elle est portée à un certain point chez les gens âgés ; mais elle ne l'est pas autant que celle dont nous venons de parler, puisqu'elle tient le moral comme le physique dans une activité qui mine le meilleur tempérament, à moins qu'elle ne le conduise à celle des jeux dont nous allons esquisser le tableau.

CHAPITRE III.

Des Jeux.

Nous ne pouvons nous empêcher de mettre au rang des passions très-nuisibles à la santé de tous les âges, les jeux qui n'exercent pas toutes les facultés corporelles, tels que les *échecs*, les *dames*, les *dez* et tous les *jeux de hasard*, spécialement quand ils ont pour objet l'accroissement de la fortune ; parce qu'alors la contention d'esprit est si grande, que les secrétions en sont ralenties, que la distribution du principe vital devient irrégulière, car elle est comme suspendue par-tout ailleurs qu'à la tête où il est concentré, et où il surcharge ce centre, ce foyer de nos facultés morales et intellectuelles ; cet état est manifestement

contraire à la santé , parce qu'il perver-
tit l'ordre et la succession des fluides de
la vie.

Tous ces jeux imaginés pour délasser
le corps et l'esprit quand ils ne sont que
momentanés , sont devenus des occupations très-sérieuses , des spéculations très-
contentieuses et destructives des meilleures santés , par l'abus que l'on en fait.

Rien n'est si affligeant pour des Médecins un peu philosophes , que de voir
cette réunion de personnes autour d'une
table , qui attendent le sort que va décider la carte fatale. Tandis que leur
corps est immobile , leur ame balottée
par l'espoir et la crainte , est dans une
agitation extrême. Uniquement occupées
du desir de captiver la fortune , ces
malheureuses créatures oublient les heures , les jours , leurs devoirs même, et
souvent ne sortent de cet état d'angoisse , que pour se livrer à l'excès du
chagrin.

Il est à craindre que cet état souvent
renouvelé n'altère le meilleur caractère,

spécialement celui de la femme , ne lui en fasse contracter un irascible et ne change sa sensibilité morale en une misantropie , quand elle est constamment malheureuse ; car ces jeux qui rapprochent physiquement les humains, les isolent moralement , puisque tous sentimens de bienveillance sont étouffés entre des gens dominés par cette passion ; chacun forme le vœu inhumain de ruiner son adversaire, parce qu'il ne peut devenir heureux que par le malheur de l'autre.

D'après ce tableau , il est aisé à des êtres sensés de concevoir que rien n'est plus propre à troubler l'ordre du système humain , d'interrompre la corrélation du moral avec le physique , et de produire le dérangement dans le cours des spiritueux , d'où naissent le *désespoir* et la *folie* qui enfantent le *suicide*.

Le plus léger mal physique que puisse occasionner une pareille contention d'esprit est la suspension des fluides nourriciers, qui , forcés de s'arrêter dans quelques viscères, y forment des engorgemens , des obstructions, le mésentéritis, puis la cacochimie qui conduit souvent à une mort lente. Nous pouvons ajouter que tous les dérangemens survenus dans la diathèse humaine par de vives agitations de l'ame, sont beaucoup plus rebelles à la Médecine, que ceux qui naissent d'un exercice forcé : à ces derniers le repos du corps suffit ordinairement, tandis qu'il est souvent funeste pour les premiers.

Les veilles prolongées et la chaleur des bougies consument l'air vital, qui déjà respiré a perdu de son ressort et de son oxigène, et devient par-là incapable de revivifier le sang en passant dans les poumons, où il occasionne la dyspnée.

La transpiration d'un grand nombre de personnes rassemblées dans un même lieu rend l'air épais et malfaisant, et il est impossible, après quelques heures, d'en aspirer une dose qui n'ait pas déjà été expirée par quelques poumons mal-sains, à plus forte raison, si quelques-unes d'entr'elles sont affectées d'un virus quelconque, ce qui se rencontre plus souvent qu'on ne le croit.

Un air de cette nature échauffe d'abord, puis affaisse l'esprit et le corps et dépose dans les bronches (1) les miasmes dont il est chargé : de-là les rhumes catarrheux, la phthysie, et toutes les maladies de poitrine qui surviennent aux personnes les mieux conformées et à un âge où naturellement on doit être à l'abri de la pulmonie.

D'après les funestes effets de la passion des jeux, les femmes doivent encore plus que les hommes s'en abstenir, puisqu'elles courent le danger d'y perdre, indépendamment de leur santé, deux de leurs plus précieuses qualités, la *douceur* et la *sensibilité morale*.

(1) *Bronches*, vaisseaux qui distribuent l'air dans les poumons.

CHAPITRE IV.

De l'Envie.

L'IMPITOYABLE Envie a déclaré la guerre
A tous les hommes nés pour éclairer la terre.

L'envie est cette disposition habituelle
à ne voir qu'avec peine les autres jouir
des avantages que nous ne possédons pas;
c'est un chagrin dévorant produit par la
prospérité de nos égaux, qui mine et
dessèche celui qui est rongé du desir continuel de les en priver pour en jouir.
Cette passion est la plus vile et la plus
basse de toutes, car elle n'agit que dans
l'ombre; elle se nourrit de fiel et de venin;
elle produit la haine, la fourberie et tous
les mauvais procédés qui en résultent;
car souvent sous le masque de la bienveillance et de l'amitié, elle cherche à

gagner notre confiance, pour tourner plus
sûrement ses armes contre nous; c'est le
crime du lâche, au moral comme au physique, qui voudrait renverser tout ce qui
est au dessus de lui, et pour y parvenir
il emploie la calomnie.

L'envie rend plus malheureux encore
que l'ambition. Le chagrin continuel, qui
entretient jour et nuit une constriction
dans les nerfs précordiaux et dans une
partie des viscères de l'envieux, empêche
la distribution des sucs nourriciers, produit la cacochylie qui est la cause de sa
maigreur ordinaire. Comme l'ambitieux,
l'envieux est ennemi de toute vertu, de
tout mérite; mais il n'a pas, comme lui, le
courage de se montrer et de s'élever;
toujours il rampe, se cache et ne porte
ses coups que pendant l'absence; il est
d'autant plus malheureux, que tout ce
que les autres louent et admirent, fait son
supplice; il n'affectionne que les êtres
aussi vils que lui. En peu de mots, *Voltaire* nous peint cette passion :

Là gît la sombre Envie, à l'œil timide et louche,
Versant sur des lauriers les poisons de sa bouche,
Triste amante des morts, elle hait les vivans;
Le jour blesse ses yeux, dans l'ombre étincelans.

Ailleurs il dit :

. . . . Les tyrans sont les vices :
Le plus cruel de tous, dans ses sombres caprices,
Le plus lâche à la fois, et le plus acharné,
Qui plonge au fond du cœur un trait empoisonné,
Ce bourreau de l'esprit, quel est-il? *C'est l'Envie ;*
Rien ne peut l'adoucir, rien ne peut l'éclairer;
Quoiqu'enfant de l'orgueil, il craint de se montrer.

Le domaine spécial de cette passion est le tempérament mélancolique et pusillanime; elle provient aussi comme l'ambition d'un amour-propre désordonné, mais lâche et timide; c'est un genre de jalousie.

Après les grandes passions si dangereuses à la santé de la vieillesse, il est dans l'ordre que nous l'entretenions des grandes agitations de l'ame, qui lui sont aussi très-nuisibles; après quoi nous l'occuperons de ces douces affections dans

lesquelles l'ame raisonnable se complaît,
affections si précieuses pour la santé en
général, et plus particulièrement pour
celle des personnes âgées, qu'elles font le
charme et la félicité de leur vie, au moral
comme au physique.

CHAPITRE V.

Des Agitations de l'Ame.

Les agitations morales sont en partie des commotions qui frappent subitement l'ame ; elles ont une si grande influence sur le physique des gens avancés en âge, qu'elles les tuent quelquefois subitement ; mais lorsqu'elles ne les ont pas tuées, elles les détériorent et les conduisent graduellement à leur fin, quand elles sont continues. Ces vives agitations sont la *peur*, la *terreur*, la *crainte*, qui ont pour heureux antagonistes, la *joie*, la *gaîté* et l'*espérance*. La peur, la terreur et la crainte sont la même affection portée à des degrés différens.

SECTION PREMIÈRE.

De la Peur ou Frayeur.

La peur est cette affection de l'ame, qui
la fait trembler au moindre danger qui
menace le corps dont elle est naturellement la gardienne. Chez les individus
faibles, l'ame est disposée à s'effrayer sans
causes évidentes, principalement dans
l'obscurité de la nuit, où elle se crée des
fantômes; elle agit plus spécialement sur
les enfans et les personnes âgées; les
femmes y sont plus sujettes que les hommes; elle diffère des autres affections de
l'ame, en ce qu'elle est plus tôt dissipée,
et qu'en raison de son peu de durée, elle
ne produit pas des effets très-fâcheux
pour la santé, et aussi parce qu'elle est
plus souvent occasionnée par une méprise que par un objet réel; mais elle
n'en est pas moins vive au moment où
elle s'empare de l'ame; car elle resserre
le cœur, cause la dyspnée; elle ôte même

(304)

l'usage de la parole, empêche de crier, et peut rendre immobile ; elle produit aussi quelquefois l'engourdissement ; elle jette l'ame dans une stupeur qui suspend ses facultés; mais, comme nous venons de le dire, son peu de durée permet le prompt rétablissement des fonctions et secrétions suspendues, ainsi que l'usage des facultés mentales.

SECTION II.

De la Terreur.

La terreur, l'effroi et l'épouvante sont les différentes dénominations de la même affection portée à des degrés variés, et qui a pour cause un danger imminent; elle est une des plus dangereuses impressions de l'ame par les effets qu'elle y produit, ainsi que sur le physique; elle y répand ordinairement un froid subit, d'où suit une pâleur générale, un tremblement, une voix étouffée, la difficulté de s'énoncer, et même la dyspnée, parce qu'elle fait

refluer

refluer toutes les liqueurs de la périphérie du corps au centre par la contrac-
tion qu'elle porte dans tout le système nerveux et vasculaire ; elle refoule la presque
totalité du sang vers le cœur qui en est
alors surchargé, au point de gêner ses
fonctions, d'où naît la palpitation de ce
viscère qui ne peut renvoyer une quantité de sang proportionnelle à celle qu'il
reçoit.

Le cours du fluide vital est troublé par
ce désordre, et son reflux au cerveau pa-
ralyse momentanément l'esprit, le jugement et toutes les facultés intellectuelles,
ainsi que les physiques ; elle fait sur l'ame
une telle impression, qu'elle n'a plus que
des idées confuses, une volonté incertaine ; elle ne sait plus quel parti prendre.
Quand la terreur s'est emparée de l'ame,
l'homme n'est plus un homme, c'est un
être nul, sans instinct, comme sans raison. Si cette crise durait long-temps, elle
conduirait à la stupidité, ou à la folie. La
terreur, l'effroi et l'épouvante suspendent
quelquefois toutes les fonctions vitales ;

c'est ainsi qu'elles deviennent mortelles
pour les personnes âgées : la vieillesse
fera donc sagement d'éviter toutes les
occasions où elle pourrait s'y trouver
exposée.

Celui qui est affecté de quelque agitation violente au moment où il doit se
mettre à table ou au lit, doit différer de
prendre son repas, ou de se coucher. Dans
cette circonstance, il est prudent de laisser
à l'estomac le temps de se remettre de la
commotion qu'il a reçue, aux plexus so-
laire et diaphragmatique le temps de se
détendre de la constriction qui leur est
survenue, et à l'ame le moyen de reprendre
son calme et sa tranquillité si nécessaires
à la bonne digestion ; car elle restera plus
long-temps agitée dans le lit que si on se
tient levé.

SECTION III.

De la Crainte.

La crainte est cette incertitude douloureuse de l'ame, occasionnée par l'appré-

hension d'un mal dont on est menacé ; elle a des effets très-funestes quand elle est prolongée. Tous les tempéramens en sont plus ou moins susceptibles. Chez les personnes qui ne peuvent la dissimuler, elle a différens symptômes ; chez les unes, elle s'annonce par des plaintes seulement ; chez d'autres par des soupirs et des gémissemens ; chez plusieurs, au contraire, un morne silence la concentre, mais la décèle.

Le plus dangereux effet de cette affection est de grossir et de multiplier les objets, souvent de démontrer à l'ame ce qui n'existe pas, et de dénaturer ce qui est ; elle réalise elle-même ce qu'elle soupçonne et ce qu'elle craint ; elle écarte l'espérance, son seul remède ; elle jette l'ame dans une langueur et une faiblesse qui la subjuguent et l'empêchent d'opérer le bien même qu'elle desire et qu'elle pourrait effectuer.

La mélancolie et le chagrin qui marchent à sa suite ralentissent le cours des fluides, conséquemment celui des secrétions, et nuisent beaucoup en occasionnant la dyspnée et la dyspepsie ; elles affaiblissent le ressort du système vasculaire , produisent la stagnation des humeurs dans les vaisseaux capillaires intérieurs ; elles deviennent la source de l'hypocondrie chez les hommes, et des affections hystériques chez les femmes, ainsi que des maladies chroniques.

Cet état empêche le repos et le sommeil de réparer nos forces perdues ; d'où il est aisé de concevoir le mal que peut produire la tristesse sur les gens âgés : c'est ainsi que les affections fâcheuses de l'ame détériorent la santé et produisent les maladies qui conduisent insensiblement la jeunesse, mais très-rapidement la vieillesse, à la mort. Il faut, par tous les moyens possibles, dissiper ces impressions si nuisibles à la santé. Pour y parvenir, le changement d'idées est nécessaire ; car, lorsque l'ame reste long-temps occupée du même objet désagréable, toutes les fonctions vitales en sont troublées : de-là naissent les obstructions, le relâchement des nerfs,

(309)

et l'affaissement de l'esprit et de l'imagination.

Pour remédier à tous ces maux, la nature nous offre par-tout des variétés; et l'esprit, à moins qu'il ne soit dans l'habitude constante d'être occupé du même objet, se plaît dans la diversité; il nous donne les moyens de nous distraire de l'affliction; car méditer souvent sur de nouveaux objets, fournit une succession d'idées nouvelles qui éloignent d'abord, puis font disparaître celles qui nous tourmentent: c'est ainsi que les lectures agréables, les dissipations et les voyages chassent insensiblement le chagrin et l'ennui, nuisibles à la vieillesse plus particulièrement qu'à tout autre âge. Écrire sur les objets les plus sérieux, donne de nouvelles idées et fournit encore un moyen de faire trève à la crainte et au chagrin; l'indolence, au contraire, les nourrit. Quand on ne pense qu'à ses malheurs, on en est sans cesse affligé, et l'espérance ne peut naître.

SECTION IV.

De l'Espérance.

L'espérance, cette douce et flatteuse opinion que nous nous formons sur l'avenir, est ce charme puissant qui tempère nos chagrins, qui atténue nos douleurs par l'espoir de les voir finir. Qu'il est doux cet espoir du bonheur! comme il rafraîchit le sang! Quelle hilarité, quel baume ne répand-il pas! par lui tous les objets s'embellissent à nos yeux, par lui l'avenir nous paraît une route semée de fleurs où on aime à s'élancer en idée.

L'espérance, cette nourrice des infortunés, donnée à l'homme comme une mère tendre à un enfant malade, est cette dernière et précieuse ressource que la bonté infinie du Créateur nous a ménagée dans le malheur; elle veille à notre chevet, elle a pour compagnon le sommeil qu'elle procure par le calme de nos agitations, et qui, par des songes agréables, vient nous bercer en nous présentant un avenir plus heureux; ce que *Voltaire* a si bien exprimé dans les vers suivans :

Du Dieu qui nous créa, la puissance infinie,
Pour adoucir les maux de cette courte vie,
A placé parmi nous deux êtres bienfaisans;
De la Terre, à jamais, aimables habitans,
Soutiens dans les travaux, trésors dans l'indigence.
L'un est le doux *Sommeil*, l'autre est l'*Espérance*.
L'un, quand l'homme accablé sent de son faible corps
Les organes vaincus, sans force et sans ressorts,
Vient par un calme heureux secourir la nature,
Et lui porter l'oubli des peines qu'elle endure;
L'autre anime nos cœurs, enflamme nos-desirs,
Et même en nous trompant, donne de vrais plaisirs;
Mais aux mortels chéris à qui le Ciel l'envoie,
Elle n'inspire pas une infidelle joie ;
Elle apporte de *Dieu* la promesse et l'appui;
Elle est inébranlable et pure comme lui.

L'intermittence que laisse à notre douleur l'espoir d'un changement prochain, est salutaire, en ce qu'il rend à notre physique la faculté d'opérer certaines fonctions et secrétions qui sont comme sus-

pendues pendant les momens où nous nous
livrons au chagrin ; elle retarde la détérioration qui suit toujours l'état d'angoisse
qui a d'autant plus de prise sur nous, que
nous sommes plus âgés. Tant que l'espérance nous soutient, nous jouissons d'un
certain bien, et nous ne pouvons nous
dissimuler qu'elle ne soit un des plus
grands bienfaits que la Providence a départis à la triste humanité. La confiance
en cette Providence, soutenant notre courage, nous promet chaque jour que les
choses changeront; mais nous ne devons
pas en abuser par une coupable insouciance; elle doit au contraire, en nous
ranimant, nous faire entreprendre tous
les moyens propres à remédier aux maux
que nous éprouvons.

SECTION V.

De la Gaîté.

La gaîté produite par la satisfaction, le
contentement, la sérénité de l'ame, dont

(313)

une bonne conscience est la base et l'aliment, est très-favorable à la santé, spécialement quand elle nous accompagne à
la table et au lit. Pendant la gaîté, le sang
et les fluides nerveux circulent avec aisance et rapidité, le principe vital augmente d'énergie, l'action des fluides est
en proportion avec la réaction des solides, le cœur se dilate et se contracte
avec la même égalité de forces; ce qui
entretient une chaleur d'où dépendent les
faciles secrétions et excrétions qui produisent la parfaite santé.

SECTION VI.

Des dangers d'une Joie imprévue.

Entre la joie que nous recommandons
pour la conservation de la santé et la joie
dangereuse pour elle, il y a bien des
nuances; celle qui devient nuisible ne l'est
que parce qu'elle produit des effets dia-
métralement opposés à ceux de la terreur; elle est l'impression subite occa-

sionnée par un objet agréable, d'autant plus vive, que l'objet était plus desiré et moins attendu : dans ce moment, toutes les forces se portent à la circonférence, et la physionomie en est le siége principal; elle se dilate, et les yeux, qui deviennent plus grands, laissent échapper des larmes de plaisir. Ce passage subit à la joie est plus contraire à la santé que tout changement trop prompt dans ses habitudes. Cette joie occasionne dans le sang un mouvement trop rapide pour qu'on ne doive pas en ménager l'accès à la vieillesse dont elle dilate le système artériel, au point que le cœur peut à peine suffire pour le remplir, parce que le retour du sang, dans ce viscère, par les veines, ne se fait pas proportionnellement à son départ; de-là viennent les faiblesses, les défaillances et souvent la perte de la connaissance qui entraîne quelquefois la cessation totale du principe vital (1).

(1) L'Histoire Romaine nous apprend que deux mères moururent en embrassant leurs fils qu'on leur avait dit être morts à l'armée.

On sent aisément par ce que nous venons de détailler pourquoi cette joie excessive est plus dangereuse que le chagrin pour la vieillesse en général, et pour les femmes, au moment de leur accouchement. Chez celles-ci elle provoque une perte contre laquelle on n'avait encore trouvé aucun secours efficace avant la publication du *Supplément à tous les Traités, tant étrangers que nationaux, sur l'Art des Accouchemens.*

Un accès de joie très-vive diffère peu d'un accès de folie; car *Archimède*, étant au bain et réfléchissant sur la manière de reconnaître la fraude de l'orfèvre qui avait mêlé du cuivre à l'or dont la couronne d'*Hiéron* devait être formée, ayant trouvé ce procédé jusqu'alors inconnu, sortit brusquement du bain sans s'apercevoir qu'il était nu, courut les rues de Syracuse, en criant: *Je l'ai trouvé! je l'ai trouvé!*

CHAPITRE VI.

De l'Amitié.

———

DE toutes les passions, celle qui contribue le plus au bien-être et à la conservation de la santé, est une douce amitié fondée sur l'estime ; c'est de tous les plaisirs le plus pur et le plus ravissant pour la vieillesse. L'amitié, ce doux sentiment de l'ame, est bien propre à faire tourner long-temps le fuseau de *Clotho* (1) ; elle entretient le parfait équilibre entre l'action réciproque des fluides et des solides, d'où naissent les parfaites secrétions ; aussi ne produit-elle jamais d'altération dans la diathèse : par elle, toutes nos sensations sont disposées à de paisibles jouissances ;

____

(1) CLOTHO, celle des trois Parques qui président à notre vie, et ajoute l'avenir au présent.

elle ne produit jamais de turbulence dans
les actions, jamais de ces véhémens desirs
qui nous usent au moral comme au physique ; en un mot, elle est à l'ame l'inverse
de l'amour : *C'est la Volupté divine*, si
nous pouvons nous exprimer ainsi.

L'essence de l'amitié est vraiment divine, car elle n'appartient qu'à l'ame ; et
pour être moins vive que l'amour, elle
n'en est que plus tendre ; le temps affer-
mit son empire quand il est fondé sur les
vertus sociales. L'amour ne domine que
pendant la fougue de la jeunesse ; son empire passe aussi rapidement que le printemps de la vie ; l'amitié au contraire em-
bellit tous les âges. Heureuses, trois fois
heureuses les femmes, pour qui ce sentiment succède à l'amour !

Nous avions cru que les femmes, par
leur diathèse, leur sensibilité naturellement plus exquise que la nôtre, et leurs
vertus sociales, devaient être plus disposées que nous à ce précieux sentiment ;
mais les observateurs prétendent que la
mobilité extrême, l'inconstante imagina-

tion, la concurrence naturelle et l'uniformité dans l'objet des desirs des femmes,
les rendent incapables de l'héroïsme de ce
sentiment profond qui a immortalisé des
hommes et jamais de femmes.

Le philosophe *Thomas* a dit à ce
sujet (1) : « Il faudrait un homme pour
ami dans les grandes occasions ; mais, pour
le bonheur de tous les jours, il faut l'amitié d'une femme, parce qu'elle manie plus
aisément un cœur malade sans le blesser,
et qu'elle sait donner du prix à mille
choses qui n'en auraient point. Sans elle
les deux extrémités de la vie seraient sans
secours, et le milieu sans plaisir. »

La bienfaisance des femmes est plus
douce et plus active que celle des hommes ;
les femmes qui avaient reçu de l'éducation ont donné de grandes preuves de
leur héroïsme en amitié, et des vertus
sociales pendant la révolution. Autant
l'autre partie de ce sexe a été méchante

______

(1) *Essai sur le caractère et les mœurs des
femmes.*

et sanguinaire, autant celle-ci a été bonne et bienfaisante, parce que ce sexe pacifique et consolateur est naturellement plus pieux que nous, et qu'il possède à un degré plus éminent les vertus sociales.

C'est de son organisation, formée pour aimer toute la vie, que naît (à l'âge où la main du temps qui détruit tout, a altéré leurs agrémens et leurs charmes), ce sentiment d'*amour divin*, que nous appelons dévotion, qui, lorsqu'il n'est accompagné d'aucun grand regret ou repentir, est doux, moralement voluptueux, et leur fait couler le reste de leur vie dans une espèce de béatitude : de-là il est aisé de concevoir les avantages que la vieillesse peut tirer de l'amitié.

O chaste déité! que peu d'humains t'honorent!
Ces grands nommés heureux le sont-ils s'ils
      t'ignorent?
Près d'eux le parasite, à les tromper adroit,
Singe ton chaud langage, et reste toujours froid.
Cet humble complaisant qu'aucun soin ne rebute,
Les aime-t-il? Hélas! il rirait de leur chute.

CHAPITRE VII.

Des Maladies de l'Ame, et des Procédés propres à les guérir, quand on n'a pu les prévenir.

Nous dirons un mot des maladies de l'ame avant de parler de celles du corps.

L'ame raisonnable ou susceptible de l'être, est tellement unie au corps, que, sans elle, il n'est rien, et leur corrélation est telle que ce n'est que par les sens et les sensations qu'elle est avertie de tout ce qui arrive au corps; c'est ainsi qu'elle a connaissance de toutes les maladies qui lui surviennent; tandis que le corps n'a nulle connaissance de celles qui surviennent à cette ame, quoiqu'il y participe par ses mouvemens. L'ame est susceptible de quatre maladies, dont trois capitales, savoir :

savoir : la *colère*, la *folie* et la *frénésie :* elle est encore susceptible d'*ennui*, autre maladie d'un genre bien opposé aux autres et qui nuit beaucoup à la santé.

SECTION PREMIÈRE.

De la Colère.

Nous ne pouvons trouver les raisons pour lesquelles on a mis la colère au rang des passions, car c'est une maladie de l'ame, comme le *colera morbus* en est une de l'estomac et des intestins. Nous la déclarons une maladie de l'ame et non une passion ; parce qu'une passion est, comme nous l'avons dit, un desir, une affection, une volonté, une résolution de l'ame, dans laquelle nous nous plaisons ordinairement, puisque chaque individu a sa favorite ; mais personne ne se plaît dans un état aussi contre nature et qui fait autant de mal sans plaisir, que la colère.

Cette maladie s'empare de notre ame sans son intention, sans sa volonté, comme un débordement subit. On ne peut mieux

la comparer qu'à un torrent de fluide électrique qui, dans un instant indivisible,
parcourt notre système, irrite nos nerfs,
enflamme notre sang; et s'emparant de
toutes nos facultés, les réunit sur le même
objet, comme si elles n'en devaient plus
avoir qu'un; elle met en jeu notre machine par un mouvement mécanique.

Quoi qu'en ait dit *Sénèque*, un tel état
ne peut être une passion. Il faut distinguer le mouvement de colère, cette impétuosité qui jette l'homme bien loin des
bornes de la raison, d'avec le desir de la
vengeance qu'il fait naître, qui est une
suite, un effet ordinaire de la colère, et
qui devient réellement une passion.

L'homme qui a été saisi d'un accès de
colère pour avoir reçu une injure, ou
éprouvé une injustice dont il ne peut se
venger sur-le-champ, prend plaisir à méditer, à assurer ses moyens de vengeance,
et à épier le moment favorable pour faire
le plus de mal possible à son ennemi : voilà
bien la passion; mais, quoique ces procédés soient l'effet de la colère, ils ne sont

plus la colère même, mais bien certainement le desir de la vengeance qui est une passion qui plaît et rit à ceux qui s'en occupent, au point que quelques-uns ont dit :

La vengeance est le plaisir des Dieux.

JUVÉNAL la regarde, au contraire, comme une faiblesse d'esprit :

. . . . *Minuti,*
Semper et infirmi est animi, exiguique voluptas
    ultio.   Sat. XIII, v. 189.

On n'est pas volontairement colère, on ne l'est qu'en raison de sa diathèse et de son tempérament, c'est-à-dire par une constitution trop irritable. Cette maladie attaque presque tous les tempéramens et à différens âges, mais spécialement pendant la jeunesse; elle s'empare plus particulièrement des sanguins et des bilioso-sanguins (1), que des phlegmatiques; nous avons acquis la conviction que cet état est une maladie et non une passion, par la modification du tempérament de ceux qui

(1) Ce qui les a fait distinguer en tempérament cholérico-sanguin et cholérico-bilieux.

y étaient le plus sujets; car lorsque par la suite d'une blessure qui a produit une grande effusion de sang, ou par une abondance habituelle du flux hémorroïdal, l'homme colérico-sanguin a perdu avec son sang cette chaleur, ce principe d'irritation qui le tenait dans un hérétisme continuel; ou que, par suite de l'âge, il est devenu phlegmatique; rien ne l'émeut, rien ne provoque chez lui cette colère à laquelle il était sujet. Au contraire, quelqu'âge qu'il ait acquis, s'il est resté sanguin, il est encore très-susceptible de cette maladie; car nous vous certifions avoir vu mourir d'un accès de colère des hommes et des femmes âgés de plus de soixante ans. Voyez de quelle conséquence il est à la vieillesse de réprimer les accès de cette maladie. On ne se donne pas plus la colère que la fièvre; ce qui doit nous décider à la regarder à peu près de même.

De tous les tempéramens qui nous exposent à cette maladie, le mélancolique est celui qui la conserve le plus long-temps. Les personnes affectées de ce tempérament

ne savent point oublier une injure , encore moins la pardonner.

Causes de la Colère.

La colère est une émotion , une affection morbifique de l'ame ; l'abondance,
la chaleur , l'activité et l'acrimonie du
sang , ainsi que la sensibilité nerveuse
plus ou moins grande sont les causes prédisposantes à cette maladie. Notre sensibilité excitée , notre irritabilité provoquée par notre amour propre blessé , sont
les causes déterminantes de cette maladie , contre laquelle , une bonne éducation , l'habitude même de dompter nos
passions, ne peuvent pas toujours nous
prémunir.

L'habitude du bien-être est souvent
une source de colère : nous avons observé que ceux qui n'ont pas encore
éprouvé de grandes contrariétés, et qui
faute de ce moyen ne sont pas habitués
à réprimer les mouvemens d'impatience,
sont plus enclins à la colère que les autres,

spécialement quand la fortune et la prospérité ont encore augmenté la vanité si
naturelle à l'homme.

Tout ce qui nuit à l'ame, ou blesse
l'amour propre, provoque facilement la
colère, et la pousse jusqu'à la fureur dans
les tempéramens bouillans ; tandis que les
mêmes événemens excitent à peine quelqu'impatience et ne font éprouver que
de légères contrariétés aux tempéramens
phlegmatiques, acquis comme nous venons de le dire.

L'homme naturellement et sans cesse
occupé de sa conservation et de son
bonheur, est forcé par son organisation
de repousser tout ce qui peut l'empêcher
d'être heureux, comme ce qui peut nuire
à son existence ; il ne dépend donc pas
de lui d'avoir ou de ne pas avoir de la
colère quand il trouve des obstacles qui
viennent contrarier ses desirs ; car les dispositions à cette maladie sont innées avec
lui et font la partie essentielle des tempéramens que nous avons signalés être
plus disposés à cette maladie que les

autres ; mais ce qui dépend de l'homme raisonnable est de réprimer la colère.

SOCRATE s'étant un jour abandonné à la colère que lui avait occasionnée la faute d'un de ses esclaves, ordonna au coupable de déposer sa tunique et de tendre ses épaules aux coups. Son bras était levé ; il allait frapper, lorsque s'apercevant qu'il était en colère, il resta immobile, le bras toujours levé dans l'attitude d'un homme prêt à frapper : Un de ses amis survint et lui demanda ce qu'il faisait. « Je punis, dit-il, un furieux. » Il en coûtera sans doute beaucoup les premières fois pour réprimer et contenir la colère, comme le fit *Socrate ;* mais on se trouvera très-heureux d'avoir combattu, et la victoire deviendra par la suite plus facile.

Des Effets de la Colère.

Selon *Sénèque*, nul fléau n'a fait autant de mal au genre humain que la colère; « elle a, dit-il, souvent occasionné des meurtres, des empoisonnemens, des incendies. » Nous lui accordons que la colère a occasionné des meurtres, car toutefois qu'un homme emporté par cette fureur n'a pas tué l'auteur de cette colère, c'est qu'il ne l'a pu, ou que la raison est venue assez tôt à son secours : Mais que la colère ait produit des empoisonnemens, des incendies qui n'ont pas été bornés à des villes seulement, et qui se sont étendus à des contrées, à des provinces ; qu'elle ait produit la destruction de nations entières ; enfin qu'elle ait été la source de toutes les guerres, comme il le prétend; c'est ce que nous ne pouvons lui accorder, parce que ce n'est plus la colère qui agit alors, mais une véritable passion, qui, pour être moins hideuse que la colère, n'en est que plus détestable et plus dangereuse, puisqu'elle agit avec réflexion.

« L'exécrable passion que nous signalons, est la *vengeance* que l'on nourrit quelquefois long-temps avant de la

mettre à exécution. Cette passion est d'autant plus pernicieuse pour la santé de ceux
qui en sont animés, qu'elle occupe l'ame
jour et nuit, et qu'elle la tient dans l'incertitude du succès de leurs entreprises;
elle suspend une partie des secrétions par
la perpléxité où elle tient l'ame vicieuse
qui en prémédite l'exécution.

» Cette passion est très-dangereuse à
la société, puisque de particulier à particulier elle provoque le *duel;* souvent
elle agit dans l'ombre et produit l'assasi-
nat ou l'empoisonnement ; elle diffère
d'autant plus de la colère, que son agent
prend toutes les précautions qui sont en
son pouvoir pour n'être pas découvert et
pour éviter tout danger : tandis que la
colère entraîne souvent dans le même
précipice celui qui en est possédé, comme
celui qui en est l'objet ; car l'homme colère ne voit pas le danger qu'il court : ce
qui fait confondre la colère avec le desir
de la vengeance, est que l'une marche
rarement sans l'autre.

» La colère étant une impétuosité, un

soulèvement, une révolte de l'ame provoquée par le mal qu'on lui a fait, ou voulu
faire, il est évident que cet état, quoique
inhérent à la constitution humaine, est un
état contre nature, et qu'il n'est nullement à la disposition de l'homme. Pour
qu'elle ait lieu, il faut que certains organes, certaines fibres nerveuses et mo-
trices soient émus et ébranlés jusqu'à
l'irritation; conséquemment elle n'est pas
une passion, mais une maladie de l'ame.

» Horace a dit : *Ira furor brevis est.*

» La colère n'est qu'une fureur passagère.

» La colère est tellement une fureur, une
maladie de l'ame qui devient si grave et si
sérieuse chez certains individus, quand
elle ne les tue pas, que celui qui en est
fortement atteint déchire et met en piè-
ces son semblable; qu'il est prêt à s'ensevelir sous les ruines dont il veut couvrir son ennemi, et que souvent il se tue
lui-même.

» La colère est tellement une maladie

de l'ame, qu'elle nous prive de la série de nos idées, qu'elle éteint toutes les autres passions qui pourraient y apporter un frein ; elle anéantit l'amour même le plus fort ; car on a vu de ces furieux percer le sein de l'objet qui leur était le plus cher, ensuite se poignarder et expirer dans leurs bras.

» La colère est tellement une maladie de l'ame qui lui fait perdre la raison par la concentration des fluides qu'elle détermine au cerveau, qu'elle produit la folie, autre maladie de l'ame souvent plus douce et plus paisible que la colère, selon le tempérament de l'individu dont elle s'est emparé, comme aussi suivant la cause qui l'a déterminée.

» Nous regardons la colère comme une folie, au point que nous nous affectons peu des injures que nous adresse un homme colère pendant la durée de son accès.

» Nous reconnaissons deux espèces de folie , l'une tient ordinairement les sujets qui en sont attaqués dans un abattement

qui ressemble beaucoup à la stupidité,
l'autre les met dans une agitation extrême.
La folie qui a pour principe un accès de
colère est toujours plus dangereuse ; c'est
une frénésie qui fait que ces malheureux
ne respirent que vengeance.

» La colère, cette fureur passagère, dont
la faible constitution de la femme devrait
la préserver, se manifeste cependant avec
autant d'excès chez quelques-unes d'entr'elles, que chez les hommes. La femme
assez douce, assez maîtresse d'elle-même
pour se contenir lorsqu'on a provoqué
son irritabilité, n'en éprouve pas moins
le spasme, la convulsion, et souvent l'éva-
nouissement, parce qu'elle a reçu la commotion.

» La colère pendant la menstruation ou
l'écoulement des règles, est encore plus
dangereuse pour le sexe, qu'en tout autre
temps, parce qu'elle arrête et qu'elle peut
supprimer cette évacuation si nécessaire
à la santé de la femme, et lui occasionner
le crachement de sang, quelquefois même
l'épilepsie. Quand le ventre se contracte

et que le spasme s'empare de l'*utérus*, elle produit les convulsions que nous appelons *histérico-spasmodiques* : d'autres fois elle provoque une hémorragie-utérine , non-seulement fâcheuse pour le moment, mais par sa durée et ses suites ; car nous savons à n'en pouvoir douter , que chez la femme agitée d'un violent accès de colère , l'*utérus* prend un degré extrême de sensibilité et d'irritation.

Chez les femmes âgées elle peut rappeler l'évacuation qui, de droit , ne peut plus exister sans de grands inconvéniens et sans compromettre leur santé. Pendant les couches la colère est presque toujours mortelle si on ne remédie promptement au spasme , à la dyspnée et à la suffocation qui en sont la suite.

» La colère conduit à la mort quand elle est subitement provoquée ; ce qui l'empêche souvent, est l'hémorragie qu'elle procure par le nez, les oreilles, et quelquefois par les yeux. Il n'en est pas de même de celle qui monte par degrés ; mais l'une et l'autre sont très-nuisibles à la santé, suivant les différentes circonstances où on se trouve : elle est généralement funeste à toutes les personnes âgées. »

Sénèque dit : « *La colère a conduit Ajax à la folie, et la folie le conduisit à la mort.* »

Nous avons détaillé les effets de cette maladie dangereuse au moral comme au physique, afin qu'on cherche à l'éviter ; car tous tant que nous sommes, nous y avons des dispositions plus ou moins fortes dès l'origine, puisque l'enfance en est atteinte. Nulle nation n'en est exempte, pas même celles qui naissent sous la zone glaciale : on a observé seulement que celles qui vivent sous la zone torride étant plus énervées, ont une colère moins forte que sous les autres zones ; ce qui nous confirme que cette maladie est inhérente à l'humanité et qu'elle tient à l'irritabilité plus ou moins grande de son système nerveux.

Procédés moraux pour réprimer la Colère.

L'homme raisonnable vient à bout de tout ce qu'il entreprend ; ainsi quand il le voudra bien sincèrement, il retiendra ou réprimera la colère, quoique le premier mouvement ne dépende pas de lui.

Pour parvenir à réprimer et contenir la colère quand l'offense n'est point immédiate, il ne faut point ajouter foi aux délations ; il est d'absolue nécessité de se tenir en garde contre une des faiblesses très-ordinaires à l'humanité, qui est de croire trop aisément ce qu'on n'entend qu'à regret ; il faut encore douter de l'offense et prendre le temps de réfléchir et de méditer sur le procédé qui nous affecte, sur la qualité et la moralité de l'individu par lequel on se croit offensé. En général un des grands torts est de ne pas examiner l'intention de l'adversaire.

Les délations de ceux que nous regardons comme nos amis excitent notre colère ; mais souvent aussi de simples soupçons, un geste, un ton, mal interprétés par notre vanité, provoquent cette colère : il faut donc nous abstenir de tout soupçon et ne pas chercher à connaître qui a voulu nous offenser, quand nous sommes assez heureux de l'ignorer.

Il est bon d'admirer et suivre la modération de *Jules-César* après sa victoire : ce général ayant intercepté des lettres adressées à *Pompée*, les brûla sans les ouvrir pour éviter l'occasion de se laisser aller à la colère, et crut que la manière la plus certaine de pardonner, était d'ignorer les coupables.

Les plus grands préservatifs de la colère sont le *dédain*, la *plaisanterie*, *l'ironie même*, et mieux encore le *délai*, qui laisse à la première fougue, au premier emportement le temps de s'appaiser et souvent de s'anéantir. N'exigez pas de l'homme en colère, qu'il pardonne, mais obtenez qu'il juge de la gravité de l'offense ; s'il consent à différer, sa colère se passera.

C'est

C'est sur le délai qu'est fondé le conseil qu'*Athénodore* , philosophe de Trace , précepteur d'*Auguste* , donna à ce prince quand il fut Empereur.

Auguste lui avait demandé quelques avis utiles pour sa conduite ; le philosophe lui dit : César , lorsque vous éprouverez le plus léger mouvement de colère , récitez les vingt-quatre lettres de l'alphabet avant de parler et d'agir. *Auguste* fut si content de ce conseil, qu'il en retint auprès de lui l'auteur , en lui disant qu'il avait encore besoin de ses leçons.

Sénèque dit qu'il est très-certain que cet Empereur témoigna toujours à *Athénodore* une estime , une déférence et une amitié qui honorent également le disciple et le maître ; il le respectait comme son propre père et souffrait ses réprimandes avec une bonté singulière.

Nous croyons même que peu de souverains auraient reçu, aussi patiemment que lui, la leçon hardie que ce philosophe lui donna dans une circonstance où les hommes ordinaires sont naturellement peu disposés à en recevoir. Voici le fait :

AUGUSTE aimait passionnément les femmes ; il n'était arrêté dans ses desirs par aucune considération d'équité, ni de bienséance, ni de prudence ; il faisait venir chez lui , assez publiquement , celles qui avaient pu lui plaire , même sans le vouloir.

ATHÉNODORE étant allé voir un sénateur de ses amis , le trouva plongé dans la tristesse et sa femme baignée de larmes ; il leur demanda la cause de leur chagrin. Ma femme , lui dit le sénateur, est la malheureuse victime que l'Empereur sacrifie aujourd'hui à sa passion.

ATHÉNODORE les rassure , les console l'un et l'autre et leur promet sur-tout de réprimer l'intempérance d'*Auguste*. A l'instant même il se saisit d'un poignard, entre ainsi armé dans une litière couverte et se fait porter jusque dans l'appartement de l'Empereur. Le prince impatient de jouir de l'objet de ses desirs, découvre la litière avec l'empressement d'un amant passionné ; alors *Athénodore* en sort brusquement le poignard à la main : voyez, lui dit-il, à quoi vous vous exposez ; un mari au désespoir ne peut-il pas user de ce stratagême pour laver dans votre sang la honte que vous lui prépariez.

Auguste, bien loin d'être blessé de la hardiesse d'*Athénodore*, le remercia de la leçon, lui promit d'être à l'avenir plus circonspect, plus décent et sur-tout moins tyrannique : ce qu'il y a de plus important à savoir, est qu'il lui tint parole.

Nous avons lieu de croire que c'est aux leçons de ce philosophe, que l'Empereur Auguste dut l'amélioration de son caractère et de sa conduite, qui firent de la fin de son règne, celui d'un assez bon prince.

Que l'on ne dise donc plus que les philosophes ne servent à rien. On leur reproche de ne pas faire tout ce qu'ils conseillent ; ce reproche est fondé, parce qu'ils sont hommes, et que pour être moins vicieux que les autres, ils ne sont pas exempts de faiblesses et de défauts ;

mais quoiqu'ils n'exécutent pas tous leurs préceptes, ils sont néanmoins très-utiles par les vertus sociales dont ils nous donnent l'exemple, et en développant l'avantage qui résulte de celles qu'ils ne font que préconiser.

PLUTARQUE observe qu'il est intéressant que les princes vivent et conversent souvent avec de vrais philosophes, parce qu'ils les rendent plus justes, plus modérés, plus humains, et qu'ils augmentent leur bienfaisance. Le trait qu'on vient de lire et les vies de *Trajan*, des deux *Antonins* et de *Julien*, sont de bonnes preuves de cette vérité.

Réprimander un homme irrité, ou opposer de la colère à la colère, c'est l'animer davantage; il faut toujours le prendre par des manières douces, et presque lui donner raison, à moins qu'on ne soit un personnage assez puissant pour lui en imposer et l'arrêter tout d'un coup : le seul cas où on puisse le traiter durement, est celui où on peut l'attaquer avec une grande supériorité.

L'orgueil contre l'orgueil se débat et fulmine;
L'humeur contre l'humeur et s'aigrit et s'obstine:
Entre ces fiers rivaux la paix ne peut régner;
Le méchant au méchant doit toujours répugner;
L'être bon qui les voit, les plaint et les tolère,
Sa vertu les reprend, et non pas sa colère.

C'est la manière de supporter l'offense qui l'anéantit ou lui donne de la valeur. Nous avons admiré et nous admirerons, pendant toute notre vie, la réponse d'un homme de notre connaissance à qui un soi-disant ami donnait des avertissemens sur la conduite de sa femme, et qui poussa l'impudeur jusqu'à lui proposer des preuves irrécusables. Mon cher ami, lui répondit-il, *si ces actions ne leur font pas plus de plaisirs qu'elles ne me causent de chagrin, je les plains bien sincèrement.*

Nous regardons comme un grand bonheur, comme un souverain bien, de pouvoir éviter la colère, parce qu'in-dépendamment de ce que nous nous mettons à l'abri du mal physique qu'elle produit, nous évitons encore les vices et les crimes qu'elle entraîne par le desir de la vengeance qui tourmente beaucoup et fait perdre le repos. Le ressentiment d'une injure, d'une injustice, expose à en recevoir d'autres. Nous sommes tous méchans, ainsi soyons tolérans les uns les autres ; méchans nous-mêmes, sachons vivre avec des méchans. Regardons comme folie toute colère, et gardons-nous des gens qui y sont sujets ; évitons toutes discussions avec eux, et préservons-nous nous-mêmes des accès de cette horrible maladie qui tient à la constitution et au tempérament.

Remèdes contre la Colère.

Comme les orages sont précédés de quelques indices, de même la colère, cette tempête de l'ame, a aussi ses avant-coureurs. Une espèce de mal-aise général, un genre d'inquiétude sans causes connues, provenant de la pléthore sanguine, est un indice spécial ; le spasme qu'occasionne la trop grande quantité de sang, et l'impatience qui en est la suite sont deux autres symptômes de cette maladie, dont les principes existent plus dans la

chaleur , l'abondance , l'activité , l'acrimonie du sang , dans la tension et l'irritabilité de la fibre nerveuse , que dans la
bile , quoi qu'en aient dit nos anciens.

Les personnes qui se trouvent avoir
une partie des dispositions ci-dessus énoncées , doivent prendre un régime doux ,
humectant , tempérant , et éviter la pléthore sanguine en se faisant tirer de temps
à autre quelques onces de sang ; ils doivent boire peu de vin et s'abstenir de liqueurs fortes. Plus sagement encore, ils
feront un fréquent usage de petit-lait ,
d'orgeat , d'eau de veau ou de poulet ,
ou de la boisson suivante qu'ils pourront
composer eux-mêmes , à défaut de petit-
lait naturel.

P. Sel de lait , deux gros ;
    Gomme arabique , demi-gros ;
    Sucre , une once ;
Fondez le tout dans une pinte d'eau.

Dans les momens où on éprouvera de
l'impatience , symptôme du spasme qui
dispose à la colère , il sera prudent et
même nécessaire de prendre *un* ou *deux*

gros de sirop de diacode, spécialement lorsqu'on aura quelque affaire d'intérêt à discuter (1). Par cette précaution on évitera la colère que les chicanes des parties adverses peuvent susciter ; conservant son sang-froid on aura l'avantage de mieux défendre et stipuler ses droits.

Nous pouvons donc affirmer que la nature du tempérament primitif ou acquis, tire son origine de la qualité du sang, de la plus ou moins grande irritabilité de la fibre nerveuse ; que les mouvemens du sang règlent les mouvemens de l'ame, et que le pouvoir des tempéramens s'étend sur les mœurs. Nous avons déjà prouvé que l'hygiène bien appropriée peut modifier et même changer tout tempérament ; de-là il est aisé de concevoir l'efficacité des moyens que nous proposons pour éviter la colère, ou au moins la contenir et la modérer, lorsqu'on ne voudra pas changer son tempérament.

(1) Il faut avoir l'attention de ne pas prendre ce remède quand on a des alimens solides dans l'estomac, parce qu'il en suspendrait la digestion.

CHAPITRE VIII.

De l'Ennui.

L'ame est encore sujette à cette funeste maladie, qui, par une vie pénible et malheureuse, conduit la vieillesse au tombeau.

L'ennui, cette maladie de l'ame qui accable si fréquemment les heureux de ce monde, n'est que l'absence des sensations qui nous font aimer notre existence. Nos sens sont l'organe du plaisir, comme de la douleur; mais c'est par l'ame que les peines et les chagrins nous affectent et qu'ils influent d'une manière spéciale sur notre physique.

Le plaisir, à ce que l'on croit communément, est la source du bonheur. Ceux qui pensent ainsi, voulant se rendre les plus heureux possibles, vivent dès leur jeunesse dans le tourbillon du grand monde et se livrent à tous les genres de plaisirs ; ils fatiguent immodérément leurs sens, et finissent par les émousser tellement, qu'à trente ans ils ne reçoivent plus que de très-faibles émotions par des objets semblables à ceux qui les avaient tant et si souvent électrisés ; il en est de même pour le moral.

Lorsque les sens trop fatigués ont perdu le sentiment, la saciété survient ; elle fait d'un homme, une espèce d'automate ambulant, qui, portant par-tout son ennui, ne se trouve bien nulle part ;

Les esprits ennuyés sont toujours ennuyeux.
Ce sont là ces brouillards et ces fléaux des Cieux,
Qui, pareils à la peste, à la faim, à la guerre,
Étouffent les plaisirs qui germent sur la Terre :
Êtres non moins à charge à l'humaine raison,
Que ne l'est aux guérets le nuisible chardon :
Cette plante maudite en pompe la substance.
Tel l'oisif surchargé, las de son existence,
A tout ce qui l'entoure en fait porter le poids.
. . . .

Cet homme finit par reconnaître qu'il

n'y a que frivolité dans ses amis , qu'in-
sipidité dans leur société , que bonheur
chimérique dans leurs tendres engagemens
et précieuses liaisons ; il conçoit enfin que
s'il est une saison de la vie où on ne connaît que les ris et les jeux de l'amour , il
en survient une autre où les chagrins et
le repentir qui marchent à leur suite, se
montrent avec toute leur austérité. Alors
il tombe dans le dégoût de ce genre de
vie, il s'en retire brusquement et l'ennui
s'empare de son ame qui ne croit plus
trouver le bonheur que dans l'abandon
absolu de la société ; car cette espèce
d'homme va toujours d'un excès à un
autre ; mais elle ne tarde pas à éprouver
la vérité du principe que nous avons établi. *Il est toujours dangereux de passer subitement d'un état à un autre.*

Notre homme blasé et ennuyé de tout,
abandonne la ville pour goûter les douceurs de la vie champêtre. Ce parti, tout
beau et précieux qu'il est , lorsqu'on ne
s'y tient que par intervalle , tourne encore contre celui qui prend la résolution

d'y prolonger son séjour, parce que l'imagination manquant d'alimens nouveaux et étrangers, le ramène toujours sur lui-même ; de-là l'ennui, les vapeurs, les noirs fantômes qu'elles enfantent, puis le défaut des secrétions et d'excrétions qui en sont la suite, et enfin le besoin du Médecin.

D'après ces connaissances, nous concluons que la solitude champêtre ne convient point à un être que poursuit l'ennui et souvent le regret que procure une vie passée dans la mollesse et l'oisiveté ; nous lui disons donc :

Vois notre villageois, observe sa pratique,
C'est un traité moral vivant et pathétique.
Jamais desir, chez lui, ne prévient le besoin,
Ne trompe la Nature et ne s'étend plus loin.
Il est franc, ingénu, sain, tempérant et chaste,
Conséquent sans logique, estimable sans faste.
Quel esclave du luxe, en méditant sur soi,
Quel docteur lui dirait : Je suis meilleur que toi !
L'ennui ne l'atteint pas, tout excès le révolte ;
Il n'est ambitieux que des fruits qu'il récolte ;
Ses jours et ses penchans sont réglés au compas ;
Il se plaît dans sa sphère et ne la franchit pas.

Mais la retraite à la campagne est le vrai lot d'une tête bien meublée, ou de la vieillesse qui saura se suffire, en recourant à la réflexion, en descendant dans son cœur, sans crainte d'y gagner du mépris pour son existence passée, et qui saura déployer toutes les forces d'esprit qui lui restent, ou enfin à celui qui ne devant plus s'occuper que de la conservation de sa santé, a besoin d'une retraite douce et agréable qui lui fasse goûter le plaisir des bonnes actions qu'il aura faites et de celles qu'il fera, si la fortune lui permet encore d'exercer sa bienfaisance; car le vrai bonheur est le fruit du bonheur qu'on répand: alors il sera dédommagé de l'abandon et de l'oubli de la société qu'occasionne son grand âge.

Le vrai préservatif de l'ennui est le travail et la jouissance de la société tranquille; ainsi donc l'homme doit travailler de corps ou d'esprit, parce que le travail qui n'est point forcé est le véhicule de la santé et des plaisirs, le gardien des mœurs, le conservateur de la fortune,

car l'homme oisif dépense plus en fantai-
sies, que celui qui est occupé ; d'ailleurs
le travail est l'acquit des devoirs envers
la société.

Si l'espèce d'hommes que nous venons
de signaler était sage , elle profiterait de
l'amortissement des sensations qui procure de grands avantages pour mener une
vie heureuse ; parce que des passions
douces font rechercher une société calme
qui produit plus d'aménité dans les mœurs
et beaucoup de petites jouissances qui
ne nous usent pas , comme les grandes
agitations , l'enthousiasme et les sentimens exaltés que l'on éprouve souvent
dans le grand·monde.

Lecteurs , vous devez bien vous convaincre maintenant qu'une longue vie
sans infirmité , est le fruit de la tempérance en tous genres ; parce que le principe conservateur de l'homme étant le
même que celui de sa destruction, *qui
est le mouvement* , il s'ensuit de-là que
plus les mouvemens sont rapides et précipités , plus ils nous usent promptement;

et qu'au contraire la nature n'éprouvant aucune grande crise , les mouvemens se faisant avec aisance et douceur , ceux du cœur et de tout le système vasculaire étant moins précipités , conduisent plus lentement toutes ces parties à l'état cartilagineux, source de mort dans ces organes.

Nous ne pouvons nous empêcher d'observer ici, que la grande activité physique et morale qu'a produit notre révolution , que la tendance continuelle vers de nouvelles spéculations , de nouveaux plans , de nouvelles entreprises , qui s'est emparée de la majorité de la Nation , jointe à celle que la multiplicité de nos besoins a enfantée , pour satisfaire à un nouveau luxe , finira par détruire tout repos et tranquillité d'ame , qu'elle empêche la restauration du physique et accélère, d'une manière effrayante, la consommation du fluide vital , et que pour peu qu'elle continue , la génération actuelle ne pourra vieillir , ou elle sera infirme de bonne heure.

Vous avez vu que beaucoup de procédés font perdre la santé, tandis que trois seulement peuvent la conserver , savoir, la *sobriété*, l'*exercice modéré* et la *continence*. Cette vertu nous fait réprimer non-seulement les desirs immodérés de l'ame, mais encore les plaisirs permis ; elle est d'autant plus nécessaire, que la sagesse même a quelquefois ses excès qu'il faut aussi réprimer ; car il est des bornes posées par la nature pour toutes choses , au-delà desquelles il n'y a plus de vertus.

QUATRIÈME

QUATRIÈME PARTIE,

MÉDECINE PROPHYLACTIQUE,

Ou des soins que nous devons à la Vieillesse, pour la préserver des Maladies.

L'EXPÉRIENCE journalière nous prouve qu'il est plus facile de prévenir les maux que de les guérir; et quoique l'Art de conserver la santé soit une espèce de Médecine prophylactique, il y a cependant des circonstances où ce genre n'est pas suffisant pour éviter un échec à la santé. C'est toujours d'après le père de notre Médecine que nous vous parlerons; et quoique l'on dise communément qu'*Hippocrate* dit *oui*, et *Gallien* dit *non*, ils sont cependant toujours du même sentiment, excepté dans le conseil suivant:

Le premier dit : « La pesanteur de tête et des membres, les lassitudes dont on ignore la cause, sont des avant-coureurs de quelque maladie : mais d'où viennent ces pesanteurs et ces lassitudes, si ce n'est d'humeurs qui s'opposent à quelque secrétion ? En vain on croit s'en guérir à force de manger et boire ; *il n'y a que l'abstinence qui puisse en débarrasser.* »

Le second dit : « Un homme est dans un état mitoyen, c'est-à-dire entre la santé et la maladie, lorsqu'il est affecté de quelque indisposition, sans être obligé de garder le lit, mais qui cependant l'arrête et l'empêche de vaquer à ses affaires aussi facilement que de coutume. Par exemple, un mal de tête, de la lassitude, de la pesanteur, de l'assoupissement, de l'altération, une alternative de froid et de chaud, sont des symptômes d'une prochaine maladie.

» Quand l'un ou l'autre de ces accidens, et spécialement quand plusieurs existent, il ne faut pas attendre que la maladie soit complettement arrivée ; l'homme prudent doit en rechercher la cause pour en faire cesser l'effet et empêcher les suites qui peuvent devenir graves. »

Gallien dit encore : « Si la source du mal est dans une plénitude ou un amas de crudité, on se tiendra chaudement, *on boira un peu de vin pour fortifier l'estomac.* » *Hippocrate* dit, au contraire : « *Il n'y a que l'abstinence qui puisse en débarrasser.* » Voilà la différence des opinions de ces deux grands-hommes, et dans cette circonstance seulement; car, en toutes autres, ils sont parfaitement d'accord.

Nous croyons effectivement que *Gallien* va un peu trop vîte dans ce cas; car le vin, dans un pareil état, produirait l'oxiregmie. L'expérience nous a démontré qu'il faut avant de faire usage du vin pour fortifier l'estomac, comme il le dit, boire des délayans pour le débarrasser des crudités qu'il contient, et employer les lavemens pour entraîner les matières alvines. Si cet amas de crudité est ancien, et que l'on ait eu de fréquentes dyspepsies, il faut avoir recours à un léger purgatif, après lequel on prendra pendant quelques jours,

à jeûn, une infusion de *racine de patience*, ou d'*écorce du Pérou*, ou même
de *rhubarbe*, pour rétablir le ton de l'estomac, et donner au suc gastrique les
qualités nécessaires à la bonne digestion.
Les vieillards pituiteux feront parfaitement bien de se mettre à l'usage du vin
anti-scorbutique pendant dix ou douze
jours de suite.

En général, dit encore *Gallien*, il faut
opposer aux principes des maux qui nous
affectent, et dont nous voulons prévenir
les suites, des moyens propres à produire
des effets contraires à ceux des causes qui
les ont occasionnés.

Boerrhaave dit aussi : On prévient
les maux en s'opposant à leurs causes dès
qu'on en aperçoit les premiers symptômes, et voici les préservatifs qu'il faut
y opposer : l'*abstinence*, le *repos*, l'*eau
chaude bue abondamment*, ensuite *un
exercice modéré*, mais continué jusqu'à
la sueur, et enfin le *sommeil* dans un lit
où on se fera bien couvrir : ces moyens
sont ceux de délayer les humeurs épaisses
et de se débarrasser des nuisibles.

Si les incommodités qu'on éprouve ne cèdent pas à ces procédés, elles sont plus graves qu'elles ne le paraissent et exigent des secours plus actifs, suivant l'âge et la circonstance où on se trouve ; mais pour n'avoir rien à se reprocher, et ne pas faire un remède contraire à la maladie, nous conseillons aux personnes ainsi incommodées de se remettre entre les mains d'un Médecin d'expérience, à qui elles feront l'aveu de leurs fautes commises dans le régime.

Pour se préserver des maladies, spécialement quand on arrive à un certain âge, il faut s'assujettir à un régime qui, en été, doit être léger, émollient et laxatif ; en conséquence, il faut se nourrir plus de légumes, de laitage, de bouillons aux herbes, que de viande ; on peut y joindre l'usage des fruits légèrement acides, mais en parfaite maturité ; il faut boire beaucoup d'eau, et souvent une limonade légère, ne faire qu'un exercice modéré le matin et le soir, si on habite un pays chaud. En hiver, la nourriture doit être solide, succulente ; il faut manger plus

de viande, et les gens âgés doivent préférer le mouton au veau, et toute viande
noire à la blanche ; ils doivent boire plus
de vin que pendant l'été, et faire de l'exercice avant leur dîner. Au printemps et à
l'automne le régime doit être modifié, de
manière qu'ils tiennent à peu près le milieu entre les deux autres manières de
vivre : il faut sur-tout se souvenir qu'il
est dangereux de renoncer subitement à
une habitude, comme d'en contracter trop
rapidement une nouvelle ; il faut en tout,
quand on le peut, ne jamais passer subitement d'un état à un autre ; c'est la loi
de la nature qui ne va jamais que graduellement dans tout ce qu'elle opère.

L'expérience nous a évidemment démontré que le rétablissement de la santé
dépend des secours que la Médecine prête
à la nature, et que l'oubli ou la négligence
de ces moyens cause et aggrave des maladies qui conduisent plus rapidement
à une mort douloureuse et prématurée,
que l'intervention d'un Médecin, comme
le disent des gens inconsidérés,

CINQUIÈME PARTIE.

DE LA THÉRAPEUTIQUE,

OU

De la Médecine curative des Maladies les plus ordinaires à la Vieillesse.

Les maladies qui affligent plus communément la vieillesse, sont la *dyspnée*, les *catarrhes*, accompagnés de toux, la *strangurie*, la *dysurie*, l'*hiscurie*, le *diabette*, les *écoulemens par les yeux et les oreilles*, l'*hydropisie*, les *vertiges*, l'*apoplexie* et l'*ulcère de l'utérus* chez les femmes.

Une grande partie de ces maladies ont leur source dans l'intérieur et ont une sorte d'analogie dans leurs principes avec celles des enfans, puisque c'est la partie muqueuse, mal élaborée, qui est la source des maladies de la vieillesse, parce que ce mucus, extrait des alimens, devient trop épais, prend de l'acrimonie chez les vieillards; tandis que dans l'enfance ce mucus étant plus doux, sert au développement et accroissement de l'individu, et diminue en proportion de l'accroissement de ses forces et de l'augmentation de sa chaleur, et qu'il ne le rend malade qu'autant qu'il est trop abondant et qu'il surcharge les organes destinés à son *élaboration.*

Règles générales à observer dans le Traitement des Maladies de la Vieillesse.

Nous sommes bien convaincus que le même mode de Médecine ne peut convenir à tous les âges, et que chaque période de la vie exige son traitement particulier.

Quoique les maladies qui attaquent la

jeunesse et la vieillesse portent toujours les mêmes dénominations, les médica-mens qui guérissaient dans le premier âge, deviendraient souvent inutiles et quelquefois nuisibles au dernier, attendu la différence survenue dans les tempéra-mens. L'enfance, par exemple, étant très-sujette aux convulsions, a besoin de plus de calmans que la vieillesse, à laquelle ils sont communément dangereux. La jeu-nesse dont le sang est plus chaud, dont les mouvemens sont plus rapides, et par ces raisons plus disposées aux maladies inflammatoires, exige plus de tempérans et de rafraîchissans. Les cordiaux et les restaurans, au contraire, deviennent d'ab-solue nécessité dans la vieillesse, chez qui la nature est plus lente et plus froide. Il ne faut pas confondre l'irritation qui peut survenir à cet âge avec l'inflammation.

Dans la vieillesse les mouvemens de la nature se portent moins au dehors qu'au dedans, et plus en bas qu'en haut; les or-ganes contenus dans le tronc sont le siège le plus ordinaire des maladies des gens âgés.

Toutes leurs secrétions étant de beaucoup diminuées , ainsi que la chaleur vitale , elles ont moins de facultés digestives ; de-là leurs fréquentes dyspepsies et les diarrhées auxquelles elles sont sujettes. Ces diarrhées leur sont quelquefois utiles , car si le reflux des humeurs qui se fait souvent à l'intérieur ne trouvait pas facilement une voie pour s'écouler , ces personnes seraient très-souvent malades et obligées de passer le reste de leur vie à se droguer. Nous concluons de-là qu'il ne faut pas souvent arrêter ces diarrhées : quand elles sont accompagnées de douleurs , il faut s'appliquer à faire cesser le spasme des intestins par des lavemens émolliens et quelquefois narcotiques , en y ajoutant une tête de pavot.

Dans ce cas les meilleures boissons sont l'eau d'orge avec le sirop de gomme, ou le lait coupé avec de l'eau , ce qui réussit à de certains tempéramens dans le flux dyssentéritique ; mais ce qui réussit encore mieux à tous les tempéramens, est la composition suivante :

P. Sel ou Sucre de Lait , deux gros ;
    Gomme arabique , demi-gros ;
    Sucre ordinaire , une once ;
Le tout pour une pinte ou litre d'eau.

Les lavemens avec l'eau de graine de lin, le bouillon de tripes ou de fraise de veau sont encore de grands spécifiques dans ces circonstances.

Quand le dévoiement est produit par l'asthénie de l'estomac , et qu'il n'y a pas d'irritation , le vin rouge bien sucré est d'une grande ressource; il y a même des cas où nous faisons faire un *lohoc avec un jaune d'œuf , du sucre et du vin de Malaga ou de Rota,* que l'on prend par cuillerée d'heure en heure. La menthe des jardins , ou la véronique avec le sirop de capillaire ou celui d'œillet font une très-bonne boisson contre ce genre d'asthénie.

Souvent des serviettes chaudes appliquées sur le ventre calment la colique et arrêtent le dévoiement en rappelant à l'extérieur l'action de l'intérieur : ce petit moyen réussit presque toujours quand les douleurs de colique proviennent de la répercussion que le froid occasionne ; car on ne peut croire combien d'incommodités et de maladies le froid fait éprouver à la vieillesse : la preuve se tire des saisons où les vieillards sont le plus souvent malades ; ces saisons sont l'automne et l'hiver , quelquefois le commencement du printemps , parce qu'ils quittent trop tôt les habits d'hiver et qu'ils ne se mettent pas en garde contre les variations atmosphériques d'alors. A l'automne ils quittent trop tard l'habillement d'été et ne se garantissent pas des brouillards de septembre et d'octobre.

Pendant ces deux mois il n'est pas rare d'éprouver du froid matin et soir , tandis que depuis dix heures jusqu'à quatre la chaleur est ordinairement assez grande ; mais comme la chaleur ne fait qu'incommoder , et que le froid rend malade, il faut donc que les vieillards portent un double vêtement le matin , et qu'ils le reprennent au moment où le soleil est prêt à quitter l'horizon : ce sont donc des soins plutôt que des remèdes qu'il faut à la vieillesse, à moins que ce ne soit des diasostiques ou analeptiques; encore faut-il en user avec modération, comme de toutes autres choses.

Il nous est démontré par l'expérience, que la réplétion du ventre est la cause générale de toutes les maladies de la vieillesse; cette observation est bien fondée : à cet âge on est aussi porté à l'intempérance du manger que l'enfance. Cette observation n'est pas neuve, car elle n'avait pas échappée à *Hippocrate :* ce grand observateur de la nature humaine, a dit de plus, « que les maladies de cet âge avaient une même marche, qu'il n'existe entr'elles de différence que par la durée plus ou moins longue, suivant le tempérament, mais qu'elles finissent de la même manière. »

Effectivement elles se terminent ordinairement par une révolution critique qui a été précédée de la coction de la matière qui a causé la maladie, et qui détermine de grandes sueurs et souvent un dévoiement ; cette loi est commune aux maladies chroniques, comme aux aiguës. Ce qui détermine cette coction est la fièvre qu'il faut bien se garder de faire cesser trop promptement ; quelques accès sont en général le spécifique de cet état, et on ne guérit des maladies chroniques que quand elles se changent en aiguës ; parce qu'alors la fièvre qui survient fait la coction de la matière morbifique et la dispose à être chassée par différens émonctoires. Tel est l'effet des remèdes que l'expérience nous a démontré convenir à la vieillesse. Quoique la nature soit à cet âge moins disposée aux grands efforts qui sont nécessaires pour guérir promptement, c'est un abus condamnable que de se servir indistinctement de remèdes très-actifs dans le traitement des maladies lentes de la vieillesse.

Les vieillards en général sont plus sujets à la pléthore humorale qu'à la sanguine, parce que la nature est plus concentrée, qu'ils sont gros mangeurs, et qu'ils ont la mauvaise habitude de ne

faire qu'un repas en vingt-quatre heures ;
ce qui surcharge l'estomac , produit de
fréquentes dyspepsies ; ils devraient au
contraire déjeûner légèrement pour se procurer appétit pour dìner , et dîner assez
sobrement pour souper encore plus modérément. La vieillesse est sujette à la pléthore humorale , parce que les déperditions
par la peau sont moins fréquentes et moins
abondantes que dans le moyen âge , puisque l'application de la partie muqueuse
qui se fait depuis long-temps , l'a rendue
moins perméable en obstruant une partie
de ses pores : voilà pourquoi les bains et
les frictions avec la flanelle sèche ou la
brosse sont si nécessaires à toutes les personnes âgées.

La partie muqueuse extraite des alimens , par exemple , reste attachée à la
membrane interne des intestins; et formant
des glaires qui la tapissent , obstrue une
portion des veines lactées , prive le sang
de la portion douce et mucillagineuse
qui doit lier ses autres parties, et fait qu'en
mengeant beaucoup , les vieillards sont

moins nourris (1). Ces causes jointes à la roideur des différentes fibres, rendent les maladies de la vieillesse plus longues et plus difficiles à guérir ; le sang des vieillards reste plus chargé de parties terreuses et salines, ce qui le rend acrimonieux : de-là les pituites âcres, les catarrhes, les fluxions de tous genres qui assaillent la vieillesse. Tous ces désordres de la diathèse des vieillards sont l'effet de l'âge, des passions, du défaut de soin à éviter le froid et à entretenir les secrétions cutanées, et souvent aussi de l'abus des choses nécessaires à la vie.

Des Saignées.

La saignée est, sans contredit, un excellent remède, quand on l'emploie à propos, elle produit même quelquefois des effets miraculeux ; mais il faut de puissans motifs pour faire saigner un vieillard, et de plus forts, encore pour y

(1) Il faut voir l'ouvrage du Docteur Doucin-Dubreuil, Membre de plusieurs Sociétés Savantes.

revenir,

revenir ; car après soixante-cinq ou six ans , on a ordinairement plus besoin de remèdes analeptiques qui soutiennent la circulation , que de ceux qui l'affaiblissent et la diminuent.

La saignée est bien indiquée dans toutes les maladies inflammatoires ; mais la vieillesse est si rarement dans ce cas , qu'elle ne peut souvent, avoir besoin de cette évacuation ; car chez elle un point de côté qui dans la jeunesse exigerait plusieurs saignées, se dissipe sans ce moyen, ainsi qu'un mal de tête accompagné d'enchifrenement ; une toux avec oppression même , peut se guérir plus facilement par des boissons diaphorétiques qui établissent une abondante transpiration , que par la saignée qui serait aussi nuisible, qu'elle pourrait être avantageuse à la jeunesse , en pareille circonstance.

Dans tous ces cas , il faut savoir si le malade était sujet à un flux hémorroïdal, et s'il y a long-temps qu'il n'a eu lieu ; parce qu'alors quelques sangsues appli-

quées aux hémorroïdes procurant une
légère évacuation sanguine, et rétablis-
sant la marche de la nature, soulagent
d'abord, et souvent guérissent : voilà
le cas où l'évacuation sanguine est légi-
time après soixante ans. Cependant,
comme il ne peut y avoir de traitement
général en raison de la diversité des tempéramens, que tel individu est souvent
plus vieux à soixante ans, que tel à autre
soixante et dix, il faut bien se mettre au
fait de la diathèse momentanée du malade
pour agir avec certitude du succès; car
dans la crainte de saigner un vieillard, on
pourra le conduire à un état pire que
celui où on l'a trouvé : ainsi donc, point
de prévention pour ou contre la saignée,
c'est au Médecin prudent à tirer l'indication de ce moyen ou de tout autre,
d'après l'analyse exacte de tous les symptômes de la maladie.

Il est bien avéré, que la saignée du
bras ou du pied ne supplée pas plus à
la suppression du flux hémorroïdal, qu'à
celle de l'évacuation menstruelle; car tous

les accidens qui résultent de ces suppres-
sions ne cessent que quand ces évacuations ont repris leur cours naturel : ce
qui nous prouve qu'une saignée locale
est souvent plus éfficace que les autres.
Dans l'âge avancé la sanguification est
moins facile , non-seulement parce qu'il
y a moins de principe vital , moins d'action dans le système vasculaire ; mais encore parce que le collement et l'aggluti-
nation des faisceaux fibreux qui composent tous les tubes , tous les vaisseaux
tant sanguins que lymphatiques existans
depuis long-temps, rendent leur réaction
sur les fluides moins facile et moins active.

Des Purgatifs et des Vomitifs.

Il y a beaucoup de dangers à administrer des vomitifs aux vieillards ; on
ne doit les employer qu'avec une grande
circonspection , parce que leurs fibres
étant plus roides, ayant plus de consistance et moins de sensibilité , il faut des
doses plus fortes pour les émouvoir.

Le vomissement chez les vieillards paraît d'autant moins indiqué , qu'il semble
plus opposé à leur voie ordinaire d'excrétion ; car ils sont, comme nous l'avons
déjà dit , assez sujets à des diarrhées ;
d'ailleurs beaucoup d'entr'eux sont affli-
gés de hernies inguinales , et beaucoup
de femmes d'hystérocèles , d'élytrocèles
ou d'exsomphales , incommodités auxquelles les vomissemens sont très-nuisibles : il faut donc s'abstenir de ce moyen
violent d'évacuation.

Les purgatifs nous paraissent préférables , parce qu'ils déterminent le cours des
humeurs par les voies que la nature emploie ordinairement à cette opération, d'où
l'on peut conclure que les purgatifs secon-
dant en quelque sorte les vues de la nature,
ne peuvent préjudicier à la vieillesse ,
spécialement si on a soin de les proportionner au tempérament, à l'âge et à la
circonstance. Il ne faut pas oublier que
tout vieillard a besoin d'être plus ou moins
soutenu , quand on ne le fortifie pas ; en
conséquence il faut combiner les purga-

tifs qu'on sera forcé de leur admiuistrer,
de manière qu'ils ne soient pas irritans,
et il faut les prendre dans la classe des
toniques.

Le sirop de chicorée composé de rhubarbe, à la dose de trois ou quatre onces
étendues dans une verrée d'eau de ta-
marin, évacue passablement les glaires,
parce que l'action de ce remède n'est
pas brusque, elle ne fait qu'éveiller et
solliciter celle des intestins. Il est des
eaux minérales qui conviennent à la
vieillesse, c'est aux Médecins à choisir
suivant la circonstance et les différens
tempéramens auxquels ils ont à faire. Ces
genres de purgatifs s'accordent avec la
marche de la nature qui est toujours lente
pendant la dernière période de la vie ;
d'ailleurs il est plus raisonnable d'aller
en tâtonnant avec la vieillesse, comme
avec l'enfance, que de la brusquer.

CHAPITRE PREMIER.

De la Dyspnée.

La dyspnée ou la difficulté de respirer tient au défaut de ressort et d'élasticité suffisante dans les systèmes vasculaires des poumons, car ce viscère est composé, indépendamment des vaisseaux sanguins, d'un nombre considérable d'autres tubes qui y distribuent l'air, et dont l'élasticité est nécessaire à la libre respiration. Dans un âge avancé, ces tubes appelés bronches ont, comme les autres, subi un épaississement qui s'oppose à leur facile réaction sur l'air, de-là vient la dyspnée assez ordinaire à la vieillesse; mais en ne précipitant pas ses mouvemens, comme dans l'âge vigoureux, la nature a le temps de produire les deux mouvemens des poumons dont le premier s'appelle inspiration , et le second expiration. Alors la dyspnée n'a lieu que quand l'air est trop épais , trop concentré ou chargé de miasmes malfaisans , et ne devient qu'une incommodité passagère qu'il ne faut pas confondre avec l'asthme humoral qui survient quelquefois aux personnes âgées et dont l'origine est l'épaississement de la lymphe et l'abondance des glaires dans les bronches. Ces maladies attaquent plus particulièrement les personnes d'un tempérament pituiteux et qui font peu d'exercice. La saignée ne convient point dans ce genre d'asthme comme dans le convulsif où on est obligé de la répéter suivant l'âge , les forces et le tempérament du malade.

Pour faciliter l'expectoration dans l'asthme humoral , il faut faire prendre au malade les pilules suivantes , pour fondre et diviser l'humeur gluante qui obstrue pour ainsi dire la circulation de l'air dans les poumons.

P. Aloës hépatique , un gros ;

    Gomme ammoniaque , deux gros ;

Dissolvez dans suffisante quantité de vinaigre cillitique ; ajoutez tartre vitriolé , quinze grains : faites du tout des pilules de six grains chaque dont le malade prendra deux le soir avant de se coucher.

Si le malade peut supporter le vomissement , on lui donnera , après l'usage de ces pilules , un vomitif composé comme suit :

P. Kermès minéral , deux grains , dissous dans deux onces d'oximel cillitique , à prendre dans une petite verrée d'infusion d'hyssope ou de lierre terrestre ; le lendemain on le purgera avec le laxatif suivant :

P. Manne calabre , deux onces ;

    Miel de Narbonne , *idem* ;

Fondez dans une verrée d'eau ; coulez et ajoutez ;

    Sel végétal , un gros ;

    Kermès minéral , un grain.

Si on n'a pas pu administrer le vomitif, il faudra répéter, et peut-être réité-
rer ce laxatif.

Pour boisson on donnera au malade
l'hydromel suivant ;

P. Racine d'aulnée, demi-once ; faites
bouillir dans un litre et demi d'eau pour
réduire à un litre ; ajoutez hyssope et
lierre terrestre, de chaque demi-poignée ;
laissez infuser pendant une heure, coulez
et fondez miel de Narbonne, deux onces ;
le tout à boire dans la journée.

Quand on est menacé du retour d'un
accès, on peut l'éviter par l'opiat suivant, que l'on prendra pendant trois jours
de suite.

P. Fleurs de soufre, un gros ;
Diagrède, dix-huit grains ;
Kermès minéral, trois grains :

Incorporez le tout dans suffisante quantité de sirop de chicorée composé de rhubarbe ; divisez en trois doses égales, desquelles le malade prendra une chaque jour

en deux ou trois bols consécutivement ;
il boira par-dessus une verrée d'infusion
de lierre terrestre ou de capillaire un
peu sucré, et vivra de régime comme un
jour de médecine.

Les personnes affectées de cette incommodité doivent faire un fréquent usage
d'infusion de lierre terrestre, ou de véronique.

Certains tempéramens trouvent encore
un grand soulagement dans l'eau de
goudron.

CHAPITRE II.

Du Catarrhe.

Le mot *catarrhe* signifie fluxion , il est donc une dénomination générique susceptible de beaucoup de divisions.

Lorsque l'humeur qui occasionne cette maladie se porte sur les yeux, qu'elle les rend rouges et les paupières bouffies , qu'elle donne mal à la gorge, que la lèvre supérieure ainsi que le bord et le dessous du nez sont rouges et douloureux , et qu'il y a enchifrenement , de la toux et de la fièvre , et que l'on observe de fréquentes anomalies (1) dans le pouls, elle porte le nom de *fluxion catarrhale ,* qui se guérit par le repos dans le lit, par des boissons diaphorétiques , telles que les infusions de bourrache, de coquelicot,

____

(1) Variation dans le battement des artères.

de fleurs de sureau ou de tilleul et souvent encore par celle de véronique avec
le miel ou le sirop de tusillage. Quelques
accès de fièvre facilitent la coction de
l'humeur morbifique qui d'abord coulera
par les yeux, les narines; et lorsque l'inflammation et la fièvre seront terminées,
on crachera et on mouchera abondamment une humeur muqueuse, quelquefois
verte, souvent jaune, mais toujours si
âcre, que la membrane pituïtaire en est
souvent ulcérée pendant quelques jours.

Quand l'engorgement est dans les sinus
frontaux, qu'il produit enchifrenement
avec mal de tête, que l'ouïe devient difficile, que l'organe de l'odorat est sans
action, que les yeux sont larmoyans, la
vue troublée, les narines gonflées et quelquefois excoriées, on le nomme *coriza*:
ce genre de catarrhe ne se mûrit que difficilement. Le tissu celluraire qui tapisse
les sinus frontaux étant le même que celui
de la capacité de la poitrine, il n'est pas
surprenant que ce que le public appelle
rhume de cerveau, fasse tousser quel-

ques jours après son invasion. La douleur
de tête subsiste quelquefois long-temps ,
parce que la nature a plus de peine à
mûrir et préparer l'évacuation de ce genre
de catarrhe , et qu'il faut pour débarrasser le cerveau , que ce qui s'est déposé
dans la poitrine puisse être évacué par
les crachats , les sueurs et les urines : cette
maladie n'arrive à sa solution que plusieurs
jours après que les urines sont devenues
boueuses. Les boissons ci-dessus indiquées sont encore d'une grande ressource
dans ce cas ; cependant plusieurs individus plus pituiteux que les autres sont
obligés de prendre l'hydromel composé
avec l'*eau de son*, le *miel* et le *jus de
citron* ou *du vinaigre.*

Cette fluxion se porte quelquefois sur
l'estomac, seule partie douloureuse alors:
quoiqu'elle soit accompagnée de toux ,
nous avons vu des malades ne se plaindre
que de ce viscère ; et nous assurer qu'ils
avaient une toux d'estomac ; dans ce cas
des vomissemens ou au moins des nau-
sées et de fréquentes envies de vomir

tourmentent les malades. Les mêmes boissons que ci-dessus sont nécessaires pendant les premiers jours pour rétablir la
transpiration, aider à la coction de l'humeur; et lorsqu'elle est faite, et que la
fièvre n'existe plus, ou qu'elle laisse une
intermittence de vingt-quatre heures, il
faut débarrasser l'estomac avec deux onces
de sirop d'ipécacuanha, ou avec quinze
grains de poudre de cette racine, suivant
l'âge et la force du malade ; ensuite le
purger doucement et le mettre à l'usage
d'un demi-lohok blanc avec *un grain de
kermès minéral*, dont on continuera
l'usage pendant trois à quatre jours, après
lesquels on procurera les évacuations alvines une seconde fois, et souvent une
troisième; après les purgations on le tiendra pendant quelques jours à la tisane de
racine de patience avec une poignée de
véronique pour relever le ton de l'estomac et faciliter les digestions.

Lorsque cette humeur s'est portée sur
les entrailles, ce qui fait dire à quelques
malades qu'ils ne toussent que du ventre,

parce que la fluxion s'est fixée sur les muscles abdominaux ; il faut indépendamment des boissons ci-dessus indiquées, joindre l'usage des lavemens émolliens, pour provoquer la fonte des humeurs dont le siége principal est dans les viscères du bas-ventre ; souvent cette fonte s'opère d'elle-même par l'usage de la tisane ; alors l'évacuation naturelle des humeurs alvines hâte de beaucoup la guérison de ce genre de fluxion catarrhale ; mais dans cette circonstance comme dans les autres, un peu de diète et un régime approprié n'en sont pas moins nécessaires.

Lorsque cette humeur se porte à la poitrine , qu'elle y cause engorgement avec dyspnée, point de côté , toux considérable avec crachement de sang, adynamie, propension au sommeil sans pouvoir dormir à cause de la fièvre qui, dans cette circonstance, est plus forte que dans les autres , elle prend la dénomination de *fluxion de poitrine* , de *pleurésie* ou de *péripneumonie* , maladies qui peuvent avoir trois causes capitales dans

la jeunesse, mais qui n'en ont ordinairement que deux dans la vieillesse, savoir, une fermentation bilieuse et l'épaississement de la matière muqueuse ; plus
ordinairement c'est à cette dernière cause
que sont dus tous les accidens qui accompagnent cet état.

Malgré les symptômes effrayans par
lesquels ces maladies se manifestent, il
est rare que la saignée soit utile à la
vieillesse, à moins qu'il n'y ait suppression du flux hémorroïdal habituel, et que
le pouls ne soit rénitent ; dans lequel
cas l'évacuation sanguine doit s'opérer
par quelques sangsues à la marge de
l'anus pour rappeler ce flux, et non par
la phlébotomie ; encore faut-il que cette
évacuation soit assez modique pour ne
pas trop diminuer le ressort du système
vasculaire et ne point jeter le malade
dans une asthénie qui s'opposerait à la
résolution de la matière morbifique : cet
état dure plus ou moins de temps, suivant le genre de tempérament du malade.

Le froid que supportent quelquefois les
vieillards

vieillards étant la cause la plus ordinaire de ces genres de fluxions, la chaleur du lit, les moiteurs qu'elle procure, les sueurs et l'expectoration qu'on établit par les boissons indiquées précédemment, et auxquelles il faut joindre l'usage du ker-mès minéral dans un look, ou celui de l'antimoine diaphorétique dans quelque potion légèrement cordiale, comme l'eau de menthe des jardins, l'eau de fenouille ou de fleurs d'oranges avec le sirop d'hyssope ou de lierre terrestre, de tusillage et quelquefois d'œillet ré-tablissent le ton et le ressort nécessaires à l'expectoration ; souvent aussi l'appli-cation d'un vésicatoire sur la partie dou-loureuse devient nécessaire, spécialement dans les circonstances où on ne peut rai-sonnablement attendre la solution de la maladie par les voies que nous avons indiquées.

Nous avons reconnu que les saignées sont excessivement dangereuses pour la vieillesse dans le traitement de ces mala-dies ; nous nous sommes convaincus par

l'autopsie de ceux qui y ont succombés,
que la saignée décide l'engorgement mortel ; tandis que la nature , aidée par de
légers sudorifiques et divisans , prépare
la coction de l'humeur morbifique , et
qu'au bout de quelques jours la poitrine
se dégorge par des crachats d'une matière
épaisse , bien cuite et souvent purulente,
à la suite desquels le sirop de lierre terrestre convient parfaitement.

Deux ou trois jours de sueurs , quelque abondantes qu'elles soient, ne suffisent pas dans ces genres de fluxions ; à
peine le malade éprouve-t-il du soulagement ; nous en avons vu qui se sont ré-
pétées pendant sept jours de suite, à des
heures fixes , et qui finissaient de même :
quand cette circonstance se rencontre ,
il faut au malade et au Médecin beaucoup
de patience et de persévérance ; car si
l'on contrarie la nature dans ses crises ,
en voulant faire mieux ou aller plus vîte
qu'elle , on retarde non-seulement la solution de la maladie, mais on peut encore
la dénaturer et décider un ulcère sur les

poumons : il est aussi dangereux de détourner les sueurs critiques qui deviennent salutaires en terminant ordinairement ces maladies, que les dépôts dans
beaucoup d'autres; il faut donc les attendre.

Nous entendons ici par sueurs salutaires ces sueurs gluantes, et non celles
qui mouillent beaucoup; mais ces premières sont nécessaires pour amener les
autres. Quand la sueur devient gluante
et la peau huileuse, la maladie approche
de sa fin. Quoique nous disions que ces
sueurs sont nécessaires pour la guérison
de toutes les espèces de catarrhes, nous
savons cependant qu'il y en a qui prennent une toute autre voie, et se terminent par des expectorations ; il nous
est évidemment démontré que la matière
qui forme un engorgement local, peut,
quand elle a été suffisamment atténuée,
être repompée par l'action générale de
tout le système cellulaire muqueux; mais,
pour avoir cet espoir, il ne faut pas trop
affaiblir son malade; car l'asthénie sus-

pend toutes les fonctions de l'économie animale, en diminuant trop l'action de son principe vital : c'est à quoi un Médecin prudent porte une attention extrême.

Lorsque ces fluxions catarrhales ne peuvent se terminer par des sueurs critiques, il faut en décider la résolution par la voie des intestins, que l'usage continué du kermès minéral a déjà dû ouvrir ; on peut, après le neuvième ou treizième jour, employer le kermès comme vomitif, ou le tartre-stibié, lorsqu'aucune raison péremptoire ne doit empêcher les secousses qu'il occasionne ; on peut aussi le réunir à un laxatif dont il augmente la puissance quand on veut le priver de sa vertu émétique.

Dans les hivers rigoureux, cette espèce de catarrhe est ordinairement très-fréquent chez les gens âgés. La durée du froid resserre la peau et empêche que les transpirations soient abondantes et aussi fréquentes qu'elles ont besoin de l'être ; cette humeur ne pouvant s'évacuer facilement, reflue à l'intérieur et se porte sur les organes qui ont une communication plus directe avec les parties qui reçoivent l'impression du froid; ce qui fait que l'arrière-bouche, la gorge et la poitrine sont plus ordinairement affectés du reflux de cette humeur.

C'est aussi par un effet de la correspondance qui existe entre toutes les parties du corps, au moyen du tissu cellulaire, que l'impression du froid à la tête, et celui des pieds et des jambes, fait refluer les humeurs jusque sur les entrailles; voilà pourquoi le froid à la tête seulement, produit, peu après, chez certains individus, l'enrouement et l'enchiffrenement; tandis que chez d'autres le froid des pieds donne la colique et quelquefois une indigestion et le dévoiement.

L'organe extérieur, la peau, ayant beaucoup perdu de son ressort chez les personnes qui, après un gros embonpoint, ont maigri, et l'activité des organes intérieurs étant affaibli par le grand âge, il est dans l'ordre que la vieillesse soit plus sujette à tous les genres de fluxion, que pendant la vigueur de l'âge : elle doit se vêtir assez chaudement pour, avec un peu d'exercice, entretenir une facile transpiration, et se vêtir plus pendant le repos et le sommeil que pendant l'action.

CHAPITRE III.

Des Maladies de la Vessie, auxquelles la Vieillesse est souvent en proie.

La *dysurie*, la *strangurie* et l'*ischurie* sont trois maladies qui affligent assez fréquemment les vieillards.

La DYSURIE, ou ardeur d'urine, est cet état douloureux qui fait éprouver une sensation de chaleur extraordinaire au col de la vessie et dans le canal de l'urètre, pendant que l'urine coule, et qui, souvent par l'acrimonie de ce fluide, produit l'uréthéritis : tout ce qui peut adoucir et émousser l'âcreté des urines, et en diminuer la chaleur, convient dans cette maladie. En attendant le Médecin, on peut employer le bain ou le demi-bain, les lavemens composés de pariétaire, de mauve, de guimauve et de feuilles de bouillon-blanc. Pour boisson, il faut faire usage d'une infusion de graines de lin, d'eau de veau ou de poulet, de petit-lait naturel ou du factice composé comme suit :

P. Gomme arabique, demi-gros ;
   Sucre ou sel de lait, deux gros ;
   Sucre ordinaire, une once au moins
   pour un litre d'eau :
Ou d'une tisane faite avec l'orge mondé, les fleurs de violette et vingt grains de sel de nitre ; le tout pour un litre d'eau ; à chaque verrée de laquelle on ajoutera une cuillerée de sirop de gomme.

Si le malade est très-âgé, on évitera, par ces moyens, la phlébotomie qui est ordinairement le premier des remèdes contre cette maladie, à cause de la py-rexie ; mais il faut le faire boire fréquem-ment ; et si son grand âge ne permet pas les boissons aussi abondantes que son état l'exige, il faudra y suppléer en lui faisant prendre, de trois en trois heures, un bol composé de ce qui suit :

P. Poudre de guimauve, un scrupule ;

Gomme, *idem;*

Nitre , dix grains:

Incorporez le tout dans suffisante quantité de sirop de gomme , pour prendre
consécutivement en un ou deux bols.

Dans l'intervalle des bains, on appli-
quera sur le raphé, à la racine de la verge,
un cataplasme fait avec la mie de pain et
le lait, ou avec la décoction de mauve et
de guimauve, dans laquelle on aura mis
trois ou quatre têtes de pavot; si mieux
on aime on emplira à moitié , avec la sus-
dite décoction , une vessie de cochon bien
lavée, que l'on placera sous le *scrotum*,
et que l'on maintiendra en place avec un
chauffoir relevé.

La STRANGURIE, qui est presque la
même maladie portée à un plus haut degré, se distingue cependant par une dis-
tillation, goutte à goutte, d'urine ardente
qui fait éprouver un sentiment de froid
en passant, et une grande chaleur douloureuse, lorsqu'elle est écoulée. Cette ma-
maladie fait faire de grands efforts pour
chasser l'urine à plein canal; mais ces

efforts sont vains, parce que cette maladie
est occasionnée par un genre d'étranglement spasmodique au col de la vessie,
étranglement d'où elle tire sa dénomination.

Les remèdes qui conviennent à la première de ces maladies sont encore appli-
cables à celle-ci, en y ajoutant la potion
suivante :

P. Eau de tilleul, deux onces ;
Sirop de violette, *idem;*
Nitre purifié, trente grains ;
Sirop de diacode, demi-once ;
A prendre par cuillerée d'heure en heure,
et la demi-heure après, une verrée d'une
des boissons ci-dessus.

Dans ces deux affections de la vessie,
le lavement, composé comme ci-après, est
souvent très-efficace :

P. Décoction de graines de lin, suffisante quantité ;
Figues grasses, deux ou trois, suivant leur grosseur;

(395)

Deux jaunes d'œuf, dans lesquels
vous dissoudrez térébenthine, une
once;
Camphre, demi-gros;
Thériaque, deux gros;
Baume de soufre anisé, demi-gros.

Pour que le malade puisse garder ce
lavement un temps suffisant pour produire l'effet que l'on desire, il faut, quelques heures avant de le donner, prendre
la précaution de vider les intestins par
ceux d'eau de graines de lin, dans laquelle
on aura fondu un peu de savon blanc.

L'*ischurie* est une rétention ou suppression d'urine occasionnée très-souvent
par un embarras dans les urêtères, soit
par un amas glaireux, soit par des sables
qui s'opposent à l'écoulement des urines
filtrées dans le bassinet des reins, ce qui
occasionne l'uréthéritis. Les bains et les
demi-bains sont nécessaires; mais si cette
rétention est occasionnée par un amas
glaireux, rien n'est aussi propre à le dissoudre que la tisane de *pareira-brava*,

à la dose de deux gros par litre d'eau, ou effilé ou rapé, ou deux gros de semence de persil et vingt grains de sel de nitre, pour un litre d'eau. Si, au contraire, elle est occasionnée par un amas de gravier, l'eau de graine de lin ou de gomme, à laquelle on ajoute dix grains de nitre par pinte, convient mieux, ainsi que les pilules suivantes ·

P. Savon amigdalin, deux gros;
Champhre, demi-gros.
Faites pilules du poids de cinq grains chaque, dont on donnera, de trois en trois heures, deux au malade, en lui faisant boire par-dessus une petite verrée de sa tisane.

Si elle est la suite de la présence d'une pierre dans la vessie, qui produit alors la *cystitis*, il faut baigner le malade, lui faire boire fréquemment la tisane et lui donner promptement le bole indiqué pour la *dysurie*, page 392. Ici on ne peut se passer du Chirurgien qui souvent est obligé d'employer l'algalie pour faire uriner le malade , en attendant qu'on l'ait disposé à l'opération.

Ces maladies ont quelquefois des causes bien éloignées, car elles sont la plupart du temps le fruit d'une jeunesse fougueuse, quelquefois aussi d'une incontinence plus récente et de la manustrupation, comme aussi de l'abus des liqueurs fortes ; elles peuvent aussi dépendre de différentes causes étrangères à celles-ci ; car la répercussion d'une transpiration âcre, ou d'une éruption cutanée, ou la métastase d'une humeur de goutte vague, ou de rhumatisme, peuvent aussi donner lieu à ces graves maladies. C'est ici le cas de faire une confession sincère à son Médecin ; car on conçoit que le traitement doit être aussi varié que les causes qui produisent ces maladies; et que ce qui convient dans une circonstance deviendrait bien nuisible dans une autre. Il est donc nécessaire que le malade instruise le Médecin de tous les différens événemens remarquables de sa vie, des différentes douleurs qu'il a pu ressentir

en santé, et de ses secrétions habituelles,
pour l'aider à découvrir la véritable cause
de l'orage qui le tourmente, et qui souvent est très-obscure; car, chez les uns
c'est un flux hémorroïdal supprimé; chez
d'autres, une sueur des pieds; chez d'autres encore, c'est une métastase d'une humeur érysipélateuse ou dartreuse; enfin,
quelle qu'en soit la cause, ces trois maladies ont aussi souvent leur siége dans le
tissu cellulaire et muqueux qui avoisine
l'urètre, la vessie et quelquefois l'anus,
que dans les fibres musculaires du sphincter de la vessie; ce qui nous le prouve est
le succès d'un vésicatoire aux jambes,
après que les tisanes émollientes et les
bains ont échoué.

Les vieillards, qui ont déjà éprouvé
des maladies catarrhales dont le siége était
dans le bas-ventre, sont souvent attaqués
de ces maladies qui quelquefois sont accompagnées d'excrétions muqueuses et
sanguinolentes. Ces maladies sont d'autant
plus difficiles à guérir, que le malade est
plus âgé. Il faut donc que le Médecin les

rende au moins supportables, en détour-
nant à propos les humeurs de dessus les
parties les plus sensibles.

Les procédés à employer pour y parvenir, se tirent de la cause originaire; le
rappel d'une évacuation ou d'une excrétion cutanée soulage beaucoup quand il
ne guérit pas radicalement : ainsi, le *vésicatoire*, le *saint-bois*, le *cautère* et les
sangsues, suivant la cause de ces maladies, sont des moyens qu'il ne faut pas négliger d'employer pour opérer la métastase de l'humeur morbifique; car rarement
dans la vieillesse les transpirations et les
sueurs peuvent suffire.

Souvent ces maladies sont suivies d'une
blennorhée, et même d'un écoulement pu-
rulent qui en fait soupçonner une toute
autre. C'est alors qu'il est bien intéressant
d'empêcher le Médecin de prendre le
change sur la véritable cause du mal; car
le remède à opposer à l'une de ces maladies est bien différent de l'autre.

Nous avons vu un malade chez qui l'humeur d'une dartre inconnue à tout ce qui

l'entourait ordinairement, avait été répercutée pour avoir passé quelques heures
enveloppé dans sa robe-de-chambre seulement, sans culotte et sans bas. Ce malade fut attaqué d'une dysurie accompagnée d'un écoulement d'une matière
muqueuse jaunâtre, qui, à la première
inspection, ressemblait à un écoulement
suspect ; mais l'examen de l'extrémité de
l'urètre nous rassura et nous persuada que
c'était le reflux de l'humeur dartreuse,
qui, s'étant porté sur les voies urinaires,
donnait cet écoulement, ainsi que les
difficultés d'uriner. Ce malade a effectivement guéri par l'application de cata-
plasmes émolliens qui rappelèrent l'humeur dartreuse sous le *scrotum*, où elle
avait depuis long-temps un suintement
assez considérable. Il ne prit pour tout
remède que le sirop de gomme, et vécut
d'une régime doux.

Nous avons vu un autre homme qui,
dans de violens accès de strangurie, en
fut tout-à-coup délivré par une douleur
très-vive qui lui survint au bras gauche ;
mais

mais ayant porté soulagement à cette douleur, les accidens des voies urinaires se
renouvelèrent à mesure que les douleurs
abandonnaient le bras. Un vésicatoire appliqué au bras donna issue à l'humeur, et
l'usage de la tisane avec le sassafras mirent
fin aux douleurs des deux parties affectées : ainsi, l'on voit qu'une métastase
occasionnée par un froid léger, est souvent la cause d'un grand désordre dans
l'économie animale de l'homme âgé, ainsi
que la transposition d'une humeur ar-
thritique.

Quand ces maladies ont pour cause des
fungus dans l'urètre, l'introduction des
bougies de *Goulard*, ou composées de
l'extrait de saturne, sont d'un grand secours. Si ce sont des carnosités, celles de
cire jaune, ensuite celles de *Devigo cum
mercurio* produisent soulagement si elles
ne guérissent pas, et donnent au malade,
le temps de faire les remèdes convenables
pour détruire le principe du mal.

Dans ce cas, il faut voir le *docteur
Nauche*, membre des sociétés académique

des sciences, médicale de Paris, des sciences
et arts de Toulon, etc., etc., ou au moins
consulter son précieux ouvrage sur la
rétention d'urine (1).

(1) Cet ouvrage se trouve chez la veuve Pan-
koucke, ou chez l'auteur, rue du Bouloy, n° 8.

CHAPITRE IV.

De l'Incontinence d'Urine ou du Diabètes.

Les maladies les plus opposées à celles dont nous venons de parler sont l'incontinence d'urine et le *diabètes*, dénomination grecque qui veut dire je passe vîte.

L'incontinence d'urine est plus une incommodité qu'une maladie, lorsqu'elle n'est pas occasionnée par une lésion du sphineter de la vessie; elle n'attaque les hommes que sur le déclin de l'âge, mais elle incommode les femmes en tout temps, quand elles ont eu des distokies. Chez les hommes bien constitués, cette incommodité est ordinairement le résultat de la débauche et de la masturbation; cependant elle peut encore être occasionnée par la présence d'une pierre dans la vessie ou d'une tumeur quelconque dans les parties environnantes, et enfin par la paralysie du sphincter de la vessie.

La cure de cette maladie consiste dans les fortifians, les acides, les ferrugineux, soit en boisson, soit en injections composées avec des roses de Provins, la menthe des jardins et les vulnéraires suisses. Les eaux de Provins, de Passy ou de Forges, ainsi que les vins de quinquina, ou d'anti-scorbutiques; enfin l'application d'un vésicatoire ou du moxa sur les reins, sont encore des moyens curatifs lorsqu'il y a paralysie.

Le *diabètes*, maladie à laquelle les Latins et les Français ont laissé la dénomination grecque, est une évacuation excessive d'urine, très-disproportionnée à tous les fluides que l'on boit; il a, comme la plupart des autres maladies, différentes causes : il est extrêmement rare dans la jeunesse, mais il attaque assez fréquemment les personnes d'un âge avancé, spécialement celles qui ont fait abus de liqueurs fermentées. Souvent aussi cette maladie est la suite de quelque grande évacuation, ou de grandes fatigues et de longs et pénibles voyages; soit à peid soit à cheval; elle peut aussi être le résultat de quelque fièvre aiguë, ou les suites de la teinture de mouches cantharides que quelques hommes se permettent pour satisfaire leur concupiscence; alors elle est produite par le relâchement considérable qui survient à tous les organes secrétoires de l'urine, pour avoir été provoqués à une trop grande irritation, et après avoir été forcés dans leurs fonctions : enfin, cette maladie peut encore être produite par la dissolution du sang. La connaissance de la cause primordiale importe beaucoup pour y apporter le remède convenable.

Nous n'entrerons point dans le traitement complet et méthodique de cette maladie, qui est curable dans son commencement, et qui doit avoir autant de moyens variés qu'elle peut avoir de causes différentes dans son origine. On ne doit point ici se passer de Médecin, et en l'attendant il faut mettre le malade à l'usage d'une forte limonade pour étancher la soif qui le tourmente ordinairement ; il faut le soutenir avec des bouillons acidulés, des potages au riz, au salep ou au sagout, que l'on aromatisera avec un peu de girofle, de canelle ou de muscade, suivant le goût du malade ; et après l'un ou l'autre de ces potages, on donnera trois ou quatre cuillerées à bouche d'un cordial fait avec le vin de Bourgogne, mieux encore avec celui de Languedoc sucré, de Rota ou d'Alicante ; en un mot tous les analeptiques, soit en nourriture, soit en médicamens, conviennent dans cette circonstance, puisqu'ils améliorent l'état du malade, s'il provient de faiblesse ou d'épuisement. S'il y a douleurs d'entrailles, il faut très-promptement avoir recours au Médecin : en l'attendant on donnera au malade quelques lavemens émolliens avec la décoction de mauve, de guimauve, dans laquelle on mettra une tête de pavot si les douleurs sont aiguës ; car le mal le plus urgent est la douleur.

CHAPITRE V.

*Des Maladies qui affligent communé-
ment les yeux pendant la Vieillesse.*

La chassie, les ophtalmies, les écoulemens d'humeurs par les yeux, le nez et
les oreilles, sont occasionnés par un reflux
d'humeur vers l'intérieur. Ces affections
viennent d'une surabondance de sérosité
qui se porte à la tête, quoiqu'en général
les humeurs se portent plus volontiers
en bas qu'en haut, quand on a passé la
soixantième année; mais comme nous
l'avons observé, il y a peu de tempéramens égaux, de-là naît, non-seulement
la diversité des maladies, mais encore
celles des parties qu'elles attaquent, ainsi
que leur plus ou moindre grande intensité.

Les infirmités dont nous parlons ici,

tirent leur source de la même cause que
toutes les maladies de la vieillesse, c'est-à-
dire, du défaut d'action dans la peau qui
ne permet plus l'abondante transpiration.
La cause déterminante de ces écoulemens, est un vice particulier aux organes
qui les fournissent, ainsi qu'une diminution de la chaleur naturelle et de l'action
du cœur, qui, ne pouvant convertir en
sang tous les sucs exprimés des alimens,
laisse les organes surchargés de pituite.

Maintenant que vous savez que l'organe
excrétoire des sérosités, après les voies
urinaires, est la peau, et que dans la
vieillesse cet organe étant moins perméable, puisqu'il est plus flasque, ridé,
en partie desséché, et la transpiration
moins abondante, vous ne devez pas vous
étonner que la nature, qui ne trouve plus
la même facilité à se débarrasser de son
humidité superflue, la porte à travers le
tissu cellulaire aux endroits où elle trouve
une voie ouverte. Or, comme les yeux,
les narines et les oreilles sont des voies
ouvertes et naturellement secrétoires, il

est dans l'ordre de la nature qu'elle les fasse servir à l'écoulement de la surabondance de sérosité si ordinaire à la vieillesse : ces trois organes deviennent des égoûts susceptibles d'inflammation, suivant la plus ou moins grande acrimonie des humeurs qui s'y portent.

Les vieillards qui n'ont pas de ces écoulemens, ont ordinairement les jambes gorgées et les pieds enflés, tant il est vrai qu'on ne peut trop admirer la sagesse de l'Auteur de la nature, qui a tout arrangé dans la structure de notre frêle machine, pour qu'une partie en soulageât une autre. Que de vieillards doivent leur santé à cette enflure œdémateuse des jambes qu'il faut respecter !

C'est l'oblitération d'une grande partie des pores de la peau qui est la cause déterminante de la grande humidité vers les yeux, le nez et les oreilles ; de-là on conçoit facilement la nécessité d'entretenir la transpiration et même d'exciter la sueur de temps à autre, pour éviter ces incommodités qu'il serait bien dangereux de supprimer, sans les déterminer sur une partie moins incommode : il faut donc les laisser subsister tant qu'elles ne se font que par exudation ; mais si par leur abondance et l'acrimonie des humeurs, elles occasionnent inflammation ou ulcération, au point de priver de l'un ou de l'autre de ces organes, il ne faut pas hésiter à leur ouvrir une issue nouvelle sur une partie moins nécessaire, et qui puisse plus facilement supporter l'acrimonie de cet écoulement : c'est le cas d'un exutoire au bras, par l'écorce du bois de garoux, ou par le vésicatoire, ou enfin par le cautère, suivant la nature de la peau et l'état du bras ; et de quelque nature que soit cet exutoire, il faut se résoudre à l'entretenir tant qu'il fournira.

CHAPITRE VI.

Des Hydropisies.

L ES hydropisies sont des maladies chroniques, qui consistent dans une collection d'humeurs aqueuses qui s'emparent de presque toutes les parties du corps humain séparément, et quelquefois de toutes ensemble.

La tête est sujette à trois hydropisies différentes, que l'on appelle cependant toutes trois *hydrocéphales*, et que nous croyons pouvoir dénommer chacune d'un nom particulier qui indiquera les différentes places de la tête qu'elles occupent.

L'une de ces trois hydrocéphales est très-facile à guérir, puisque l'eau s'amasse dans le tissu cellulaire qui attache le cuir chevelu aux os de la tête; conséquemment elle a son siège entre le crâne et ses tégumens, et nous croyons la bien désigner par la dénomination d'*hydro-céphalo-cutanée.*

Dans la seconde espèce, qui est très-dangereuse, la collection des eaux se fait dans la boîte osseuse entre ces os et les membranes qui les tapissent intérieurement, c'est-à dire, sous la dure-mère : selon nous, cette espèce peut porter la dénomination d'*hydrocéphalo-membraneuse.*

La troisième espèce, encore plus fâcheuse, puisqu'elle est toujours mortelle, attendu que l'eau qui la forme est épanchée dans un des lobes du cerveau, et quelquefois contenue dans la glande pinéale, comme nous l'a démontré l'autopsie des cerveaux de gens morts dans une espèce d'imbécillité et dans une affection très-comateuse : cette espèce doit être distinguée des deux autres par la dénomination d'*hydro-céphalo-cervicale.*

Quand la collection d'eau se fait dans la cavité de la poitrine, on l'appelle *hy-drotorax.*

Quand elle est dans la capacité de l'*ab-domen* ou ventre, on la nomme *hydro-pisie ascite*.

Lorsque l'eau épanchée occupe tout le tissu cellulaire de la peau, depuis la tête jusqu'aux pieds, on la nomme *ana-zarque*.

Quand elle n'occupe que le *scrotum*, on lui donne le nom d'*hydrocèle*.

Lorsque cet épanchement s'est emparé de toute autre partie, qu'il est circons-crit et accompagné d'empâtement qui conserve pendant quelques minutes l'im-pression du doigt, il porte le nom de *leucophlegmatie*.

Indépendamment de toutes ces hydro-pisies, il y a encore une maladie produite par une quantité d'air raréfié dans la ca-pacité du ventre, et qui en distend ex-traordinairement tous les tégumens ; on l'a nommée *tympanite*.

La tympanite est facile à distinguer de l'ascite, quoiqu'elle occupe le même empla-cement ; parce que, dans celle-là, le ventre est ordinairement plus livide que dans celle-ci, et que, quand on frappe contre un des côtés de ce ventre, il résonne presque comme un tambour ; tandis que dans l'ascite le même coup ne fait pas résonner le ventre, mais produit, du côté opposé, une fluctuation de liquides épanchés ; ce qui se reconnaît facilement en tenant une main sur le côté opposé à celui sur lequel on frappe ; d'ailleurs, les pieds du malade sont ordinairement moins enflés dans ce genre d'hydropisie que dans l'ascite.

Indépendamment de ce que les femmes sont plus sujettes que les hommes à l'*hydromphale*, ou hydropisie de nombril, elles sont encore particulièrement affligées par un plus grand nombre d'hydropisies particulières, puisque leur sexe les expose à celle de l'*utérus* et des ovaires, ainsi qu'à la leucoplegmatie de la vulve ou grandes lèvres.

Nous avons besoin d'une saine philosophie, d'une morale épurée et de toutes les preuves qu'elles nous fournissent, pour croire que l'Auteur de la nature a tout fait pour le mieux, et ne pas l'accuser d'in-

justice, quand nous nous abandonnons
aux réflexions qu'inspire naturellement
l'infortuné partage de ce sexe.

Les spasmes dont l'*utérus* est susceptible, occasionnent son engorgement et la
stase du sang et des humeurs, qui produisent par la suite l'ulcération de ce viscère, ou des pertes rebelles qui lui font
perdre son ressort par l'engorgement. Ces
longues hémorragies, jointes à l'abus des
saignées, amènent presque toujours une
désorganisation de l'estomac, qui produit
l'asthénie générale ; alors la faible circulation n'assimile plus parfaitement les mollé-
cules du nouveau chyle avec celles du sang
qui s'appauvrit ; la machine s'affaisse, les
extrémités deviennent œdémateuses : de-là
les stases séreuses qui donnent naissance
aux hydropisies de ce viscère.

On remédie à cette faiblesse et on évite
les maux qui en sont la suite, en augmentant le ton du système vasculaire, par
l'usage des amers et des toniques, tels que
le *quinquina*, les *préparations martiales*,
un exercice à pied gradué, et spécialement

en allant respirer l'air pur élastique des montagnes, et en buvant des eaux ferrugineuses.

L'hydropisie la plus généralement connue et la plus fréquente est l'ascite; c'est elle que l'on désigne par le mot seul d'hydropisie; elle est, après la leucophlegmatie, celle qui attaque le plus les personnes âgées.

Nous vous entretiendrons de ces deux seulement, plus pour vous indiquer les moyens de les éviter, que de les guérir; car l'hydropisie est un mal assez grave pour qu'il faille recourir au Médecin dès qu'on a lieu de la soupçonner. Le traitement de cette maladie exige, non-seulement la connaissance de tous les moyens curatifs, mais encore les modifications nécessaires et analogues aux différens tempéramens et aux causes primordiales qui y ont donné lieu; car il en est de cet état morbifique comme des autres : les remèdes qui ont guéri plusieurs échouent sur beaucoup d'autres, quand on ne peut trouver la cause première de la maladie.

La

(417)

La leucophlegmatie des jambes, dans
la vieillesse, n'est pas une maladie grave
quand elle n'a pas pour origine l'hydropisie de poitrine ou l'ascite; souvent même
elle est un préservatif d'autres accidens;
mais si on veut l'éviter dès qu'elle se manifeste, il faut faire des frictions avec la
flanelle, porter habituellement des bas de
laine sur la peau, bien se garnir les pieds
et les jambes, et entretenir la sueur des
pieds, en les lavant fréquemment à l'eau
tiède pour tenir les pores ouverts; se vêtir
chaudement pour augmenter la transpiration générale qu'il faut pousser souvent
jusqu'à la sueur : il est nécessaire de faire
de l'exercice à pied, boire du vin blanc
pour augmenter la secrétion des urines.

On peut opposer à cette incommodité,
pour remède externe, après les frictions
avec la flanelle, des embrocations d'huiles
aromatiques ; et mieux encore, il faut
exposer ses jambes à la fumée de quelques
aromates que l'on brûlera, ayant soin pendant ce temps de faire les frictions avec la
flanelle bien pénétrée de la fumée de ces

plantes, pour en envelopper les jambes avant de se mettre au lit.

Ce même procédé peut réussir aux femmes dans la leucophlégmatie de la vulve ; mais l'application de compresses imbibées de vin aromatique , qu'elles peuvent porter jour et nuit , leur suffit ordinairement quand elles la commencent assez tôt.

L'expérience nous a démontré que les aromates sont amis des nerfs dans l'hydropisie spécialement , et que quand on les brûle il en émane une nuée de corpuscules qui pénètrent le tissu des parties et s'attachent aux nerfs dont ils relèvent le ton et sollicitent l'action , à plus forte raison dans la leucophlegmatie. Le meilleur remède interne contre cette infirmité, quand on a soixante ans , est l'usage du vin de quinquina, ou d'anti-scorbutique, qu'il faut prendre à jeûn , en commençant par la dose d'une once, pour l'augmenter graduellement d'une demi-once tous les quatre à cinq jours , jusqu'à la dose de trois à quatre onces , suivant la taille , la

corpulence de l'individu, et suivant l'empâtement des jambes. Nous avons vu souvent l'infusion de la cascarille à la dose de
deux gros par pinte d'eau, réussir merveilleusement chez les tempéramens très-
pituiteux.

Il est avantageux d'aromatiser les boissons que l'on donne aux hydropiques,
parce qu'en devenant plus pénétrantes,
plus actives, elles donnent plus de ton et
de ressort. Les aromates ont une saveur
qui rappelle le principe vital avec lequel
elles ont une grande analogie; et par ce
moyen elles aident au repompement ou
absorption des fluides épanchés, quand
ils ne sont pas encore abondamment répandus; enfin n'en résulta-t-il, pour toutes
les parties encore sensibles, qu'une titil-
lation, elle peut les faire sortir de leur
engourdissement et y rappeler la vie à
demi-éteinte. Nous savons tous que les
aromates contiennent beaucoup de parties ignées propres à faire cesser l'asthénie du système vasculaire : de-là nous
concluons que leur usage convient dans

le traitement de certaines hydropisies.

Hippocrate conseille des embrocations d'huile et de vin pour les eaux épanchées sous la peau. Ce qui était bon de son temps peut bien ne plus convenir aujourd'hui, où on peut faire mieux : le vin dont il se servait n'existant plus , nous y substituons l'eau-de-vie avec le camphre , qui , comme on le sait aujourd'hui , est une huile aromatique concrète : son usage nous a prouvé qu'elle produit un grand effet.

La grande inflammabilité des huiles, en général, annonce qu'elles contiennent beaucoup de substance éthérée qui n'a besoin que de frottement pour se développer ; à plus forte raison les huiles essentielles des aromates : ce qui nous décide quelquefois à les employer seules. Enfin nous pensons que les aromates employés en embrocations, en fumigations et en bains , ou en infusion , suivant les parties malades et les circonstances, sont d'une grande ressource dans le traitement des *leucophlegmaties* , des *anazarques*

et de l'*hydropisie ascite*, quand ces maladies n'ont pour principe que l'engorgement du tissu muqueux et le relâchement de l'organe extérieur de la transpiration, *la peau*, et lorsqu'elles ne sont
pas la suite de la cacochimie à laquelle il
faut remédier par l'usage du vin anti-scorbutique.

Plusieurs personnes très-âgées, à qui
nous avons donné nos soins, et d'autres
auxquelles nous les donnons dans ce moment, ont retiré le plus grand avantage
de ce genre de traitement. Nous sommes
bien convaincus que les embrocations
d'huiles de *thym*, de *romarin* et de *la-
vande* employées seules et quelquefois
réunies à un peu d'eau-de-vie camphrée,
ou de sel ammoniac au lieu de camphre,
suivant l'ancienneté et le local qu'occupe
la leucophlegmatie que l'on doit combattre, sont de puissans moyens, en laissant les parties affligées recouvertes des
flanelles avec lesquelles on a fait les embrocations.

Si l'empâtement et même les eaux sont

assez abondantes pour priver de l'exercice, il faut leur donner issue par quelques mouchetures légères faites sur les
parties les plus déclives, comme aux environs des chevilles. On fera faire usage
au malade, ou du vin de quinquina, ou
de celui anti-scorbutique, et de la tisane
suivante :

P. Sassafras, deux gros;
　　Cascarille ou kina kina, *idem;*
　　Graines de fenouil, ou de persil, un
　　　gros;
　　Menthe des jardins, une bonne
　　　pincée, pour un litre d'eau.

En un mot, tous les *analeptiques, diaphorétiques* et *ferrugineux acidulés* sont
des spécifiques, lorsque la maladie n'a
pas pour principe une obstruction au foie;
car alors c'est la source du mal qu'il faut
attaquer, et ce n'en sont pas là les moyens.
Pour tirer un grand succès de ceux-ci, il
faut purger avant et après leur usage, mais
spécialement avant.

SECTION PREMIÈRE.

Causes des Hydropisies en général.

L'amas d'eau qui forme les hydropisies , se fait aux dépens de l'urine et de la trans-piration dont les secrétions se font mal , soit par défaut de ressort dans toutes les voies urinaires, soit encore par embarras dans les reins ; souvent aussi cette col-lection d'eau a lieu à cause de l'oblitéra-tion des pores cutanés qui doivent four-nir passage à la transpiration : de-là on voit la nécessité des bains et des frictions avec des flanelles ou des brosses , dont nous recommandons l'usage pour les per-sonnes âgées, tant pour tenir ces pores ou-verts , que pour donner du ton , du res-sort à la peau , et ranimer la circulation dans tous les capillaires de cet organe extérieur.

Personne n'ignore que l'excrétion de l'urine et de la transpiration servent à la dépuration du sang ; qu'élles sont plus ou moins chargées de parties salines et âcres, et que la nature a destiné ces fluides à charrier et exporter au dehors une portion de terre surabondante qui deviendrait nuisible par son trop long séjour ; d'où il est aisé de conclure qu'une sueur arrêtée par un air froid, humide, ou l'application de quelque vêtement humide, fût il de laine, peut donner lieu à la leucophlegmatie, et par suite à l'hydropisie, si une surabondance d'urine ne vient point y suppléer.

Pour éviter ces maladies, nous conseillons donc à tout le monde, mais spécialement à la vieillesse, lorsqu'elle a éprouvé quelqu'accident qui peut arrêter la transpiration, de chercher à la rétablir promptement par tous les *hydrotiques* que nous avons indiqués plus haut, ou de se procurer d'abondantes évacuations d'urine en buvant un peu de vin blanc, ou quelques infusions de plantes aromatiques et diaphorétiques, comme le *thé*, la *menthe des jardins*, la *véronique*, les *feuilles de casis*, les *feuilles et fleurs d'oranger*,

les *vulnéraires* ou les *fleurs de bourrache*, de *sureau* ou de *coquelicot*.

Nous invitons encore spécialement ceux
qui habitent les bords des rivières ou un
pays marécageux, à porter, pendant neuf
mois de l'année, une étoffe de laine sur
la peau. Tout le monde sait que cet organe est criblé d'une infinité de pores qui
permettent l'exhalaison de la transpiration insensible, et d'autres plus grands qui
laissent passer une humeur plus grossière
que nous appelons la sueur, qui souvent se
trouve chargée d'une partie terreuse.

Puisque les feuilles des plantes et des
arbres ont des pores absorbans, comme
des exhalans, pourquoi notre peau n'au-
rait-elle pas les siens par lesquels elle
peut attirer et recevoir l'humidité de l'air,
spécialement dans un âge où la nature
pousse peu aux pores exhalans? La périphérie de notre corps fournirait alors à
l'abondance des eaux qui s'accumuleraient
dans le parenchyme pédiculaire, au moyen
de ses pores absorbans : de-là on conçoit pourquoi il est plus avantageux à la

vicillesse , qu'à la jeunesse , et aux habitans des pays humides, de porter sur la
peau des tissus de laine , ou au moins de
coton , non-seulement pour entretenir la
chaleur , mais encore pour empêcher que
les pores qui , dans la jeunesse , furent
exhalans , ne deviennent absorbans dans
un âge avancé , et pour entretenir la chaleur et l'action organique de la peau.

SECTION II.

Causes de l'Hydropisie ascite.

La mélancolie qui suit et accompagne
l'empâtement du foie et des autres viscères du bas-ventre , comme de la rate , du
pancréas et de toutes les voies urinaires,
ainsi que les fièvres anomales et intermit-
tentes qui tirent souvent leur origine de
l'air des lieux marécageux ou seulement
humides, peuvent être considérées comme
causes premières de l'hydropisie ascite ;
car on ne peut se dissimuler que l'air de
ces lieux ne soit très-pernicieux aux per-

sonnes qui le respirent constamment ;
comme il est plus souvent frais que chaud,
son impression sur la peau la transit ; par
conséquent la matière de la transpiration
s'arrête et forme à la longue des dépôts
dans quelques parties tapissées de la
membrane muqueuse : c'est de-là que
naissent la toux, l'enchifrenement et tous
les genres de fluxions auxquelles sont sujets les habitans de ces pays. Nos faibles
corps reçoivent toutes les impressions
que leur apporte l'air que nous respirons ; et nos maladies procèdent autant
des causes extérieures que de notre intempérance.

Quand le reflux de la matière trans-
pirable se fait sur les entrailles, il procure ou une diarrhée très-salutaire dans
ce cas, ou il se forme une congestion
d'humeur aqueuse dans les cellules des
membranes de la cavité abdominale, et
cette congestion augmente par l'abord
continuel de la nouvelle matière transpi-
rable qui ne peut plus être évacuée que
par quelques doux purgatifs, ou par un

exercice poussé jusqu'à la forte sueur
que l'on entretient autant que possible,
en se faisant bien couvrir dans un lit
chaud et par des boissons diaphorétiques prises avec abondance et bues aussi
chaudes qu'on peut les supporter.

Le grand préservatif de cette funeste
maladie est l'entretien des secrétions et
excrétions de l'urine, de la transpiration
et de la sueur ; par un exercice habituellement modéré et poussé de temps à autre
jusqu'à la forte sueur, de se vêtir habituellement avec des habits chauds , de
boire quelquefois du vin blanc. Mais une
fois que la collection d'eau est faite , et
que la masse des entrailles en est considérablement imbibée , le désordre se met
dans les différentes fonctions de l'*abdomen*,
le principe vital s'affaiblit de jour en jour,
l'action des viscères, le jeu de leur ressort
diminuent et s'anéantissent : de-là naissent la dyspepsie , même après avoir
mangé peu et bien mâché ; les borbo-
rygmes et les coliques surviennent ; quelquefois la constipation se met de la par-

tie , cette fois elle provient de l'inertie des intestins ; mais plus souvent le dé-voiement est la suite de la cacochylie qui existe alors.

La rareté des urines et la difficulté de les rendre est le dernier accident qui prouve ordinairement que l'hydropisie est à son comble , parce qu'alors il y a désordre dans toutes les fonctions des voies urinaires , ou engorgement dans les reins ; car les fonctions de ces viscères sont de la plus haute importance dans le système animal , puisque leur cessation est le complément du plus grand mal qui puisse lui arriver.

SECTION III.

Aperçu du Traitement convenable à l'Hydropisie ascite.

Le traitement des hydropisies en général demande beaucoup de sagacité pour en reconnaître les causes, qui peuvent être ou des hémorragies, ou des obstructions, ou une cachexie négligée et compliquée de scorbut.

L'hydropisie ascite est une maladie si grave qu'elle est souvent incurable, quelque bonne que soit la méthode que l'on emploie : elle est ordinairement incurable lorsqu'elle est la suite d'une obstruction qu'il faudrait détruire avant ; il faut souvent beaucoup de temps et une grande variété de remèdes pour la guérir chez certains tempéramens.

Évacuer les eaux stagnantes, porter des toniques et du mucilage dans le sang de ces malades, pour opérer le plus promptement possible l'*adipsie*, bien broyer les liqueurs par un exercice gradué, donner du ton et du ressort dans tout le système vasculaire par les hydragogues, sont généralement les spécifiques contre cette maladie. Les anti-scorbutiques, les boissons aromatiques et de vulnéraires suisses, le vin de Languedoc avec le sucre, sont aussi de très-bons spécifiques contre le retour de cette maladie, lorsqu'elle n'a eu pour principe que le relâchement et l'empâtement du tissu cellulaire.

Nous croyons qu'il est prudent de faire précéder l'usage des plus puissans hydragogues à l'évacuation des eaux par la ponction ; dans cette opération, un des grands moyens de ne pas jeter le malade dans une asthénie mortelle , et les viscères du bas-ventre dans une désorganisation et une atonie complette qui équivaut à une paralysie , est de n'évacuer dans le moment qu'un huitième à peu près du fluide épanché dans *l'abdomen* , et de remplacer la canule par une mêche de fil ciré qui ordinairement laisse couler lentement le reste des eaux. C'est bien ici le cas des embrocations avec les huiles aromatiques, et de laisser sur-tout *l'abdomen* des flanelles imbibées de ces aromates , parce qu'elles restitueront à la peau et aux viscères même une partie du ressort que l'hydropisie leur a fait perdre. Nous sommes bien persuadés , qu'elles servent au moins à empêcher une plus grande évaporation de la matière ignée , conséquemment à concentrer le principe vital qui, une fois réveillé peut opérer de grands effets : c'est pour cette raison que nous conseillons les tisanes aromatisées, soit avec la *menthe des jardins*, *l'angélique*, la *graine d'anis* ou *de fenouil*, les *vulnéraires suisses* ou la *cascarille*.

Si les eaux que fournit la ponction sont boueuses, d'une couleur foncée, il faut promptement retirer la canule pour prolonger de quelques jours la vie du malade ; car ces eaux manifestent une des hydropisies incurables, et plus on en laisse couler, plus la mort arrive promptement.

SECTION IV.

Cause de la Soif des Hydropiques.

Lorsque l'abondance des urines ne supplée point à l'absence de la transpiration, les particules âcres et salines que ces deux secrétions sont chargées de porter au-dehors restent dans le sang, sont reportées

reportées par sa circulation dans toute
l'habitude du corps, et se font sentir plus
spécialement aux parties par lesquelles il
se fait une autre évaporation de l'humidité. Ces parties sont l'arrière-bouche et
la bouche ; voilà la cause de la sécheresse
de la langue et de la soif inextinguible
que quelques-uns de ces malades éprouvent.

Le public ne peut concevoir pourquoi
des personnes malades, pour avoir trop
d'eau, dit-il, peuvent avoir un si grand
besoin de boire et desirent des boissons
douces ; c'est qu'on n'est pas malade seulement pour avoir trop d'eau , mais encore par sa séparation de la masse du sang
qui retient toute la partie saline qui devient de plus en plus acrimonieuse : ces
malades n'éprouvent une soif ardente ,
que parce que l'eau , séparée de leur sang,
n'en tempère plus l'acrimonie.

CHAPITRE VII.

Des Apoplexies.

Nous reconnaissons deux genres d'apoplexies, savoir la *sanguine* et l'*humorale*.

L'apoplexie sanguine tuerait un grand nombre de jeunes gens, si la nature toujours prévoyante n'obviait à ces accidens par les saignemens de nez auxquels la jeunesse est très-sujette aux environs et après la puberté, âge où la sanguification très-facile est d'une abondance extrême.

L'apoplexie humorale, au contraire, n'attaque ordinairement que la vieillesse; cependant elle n'est pas la maladie qui tue le plus de personnes âgées; car les catarrhes sont bien plus fréquemment mortels dans un âge avancé, et nous avons de grandes raisons pour ranger l'apoplexie de la vieillesse dans la classe des maladies catarrhales.

Nous avons remarqué que ceux qui sont victimes de cet accident, étaient ordinairement d'une forte constitution ; 'car les gens les plus robustes comptent tellement sur leurs forces, qu'ils ne prennent aucune psécaution pour éviter les maladies ; aussi sont-ils plus fréquemment attaqués par celle-ci. Les personnes replettes qui ont le cou fort court, une grande propension au sommeil, celles qui sont sujettes à la dycinésie, qui ronflent beaucoup en dormant, et chez la plupart desquelles la respiration est accompagnée de siflemens, sont plus exposées à l'apoplexie, que les personnes d'une constitution opposée et qui respirent avec aisance : ainsi, la vieillesse et cette constitution sont des circonstances prédisposantes à cette foudroyante maladie ; car ces divers accidens annoncent dyspnée dans le jeu des poumons, qui une fois empâtés regorgent d'un superflu d'humeur gélatineuse qui forme le fond matériel de cette maladie.

Cependant cet accident peut aussi être l'effet de quelque forte affection de l'ame, comme d'une grande joie, d'une vivacité extraordinaire d'imagination qui par suite jette le cerveau dans l'affaissement, comme un exercice forcé et trop long-temps soutenu procure l'asthénie corporelle. La colère, cette maladie de l'ame que nous avons sortie de la classe des passions, peut aussi déterminer une attaque d'apoplexie par le spasme qu'elle produit. Cet accident peut encore naître d'une goutte, comme d'une hémorroïde répercutée, ainsi que de quelque humeur cutanée, en un mot de toute répercussion qui porte son effet au cerveau.

Nous croyons qu'il y a une infinité de causes qui peuvent donner lieu aux apoplexies humorales ; mais la plus générale, pour la vieillesse, celle qui met en action toutes les autres, quand l'attaque n'est pas déterminée par une pléthore sanguine, est le froid ; car ce sont les hivers les plus longs et les plus rigoureux qui lui sont le plus funestes.

On sait que le froid arrête l'action de
tout l'organe extérieur, qu'il produit la
dyscinésie, qu'il occasionne des vertiges,
trouble les digestions et les arrête quelquefois, et qu'en en supprimant la transpiration par laquelle se fait ordinairement une grande évacuation de matière
superflue, elle doit nécessairement se déposer et séjourner dans quelque endroit,
où s'accumulant par degrés et ne formant
point d'hydropisie, elle produit un amas
d'humeurs gluantes, catarrhales, qui devient la base et le principe de l'apoplexie
humorale.

Quand donc cet amas d'humeur existe
et que l'estomac est gorgé d'alimens, s'il
survient une cause qui produise spasme
et resserrement dans les systèmes nerveux et vasculaires, tels qu'un accès
de colère ou un froid subit ; il est dans
l'ordre de la nature que le courant des
humeurs se dirige vers les parties qui
sont dans la gêne et dans un état de souffrance habituel, par le défaut de ressort
dans ces différens organes : de-là vient

l'apoplexie si souvent accompagnée de paralysie.

Il nous paraît assez démontré que la cause la plus commune d'apoplexie, dans la vieillesse, est une humeur du genre des catarrhales ; mais il n'en est pas de même de celles qui peuvent arriver à différentes époques antérieures. L'âge et les saisons dans lesquelles une attaque d'apoplexie peut avoir lieu, fournissent des indices sur la nature de l'humeur ou du fluide qui peut la causer ; car nous l'avons vu arriver à un jeune homme de vingt-un ans, et au mois de mai, après avoir déjeûné selon son habitude ; elle fut décidée par une pléthore sanguine qui subsistait depuis le mois de novembre ; malgré les prédictions faites à ce sujet, les parens résistèrent à toutes les indications et invitations à la saignée nécessaire alors pour éviter ce malheur.

Après l'accident, les saignées du bras et du pied rendirent la connaissance à ce jeune homme, mais laissèrent dans son cerveau un embarras qui dura plusieurs jours , et qui par la suite le rendit, à des époques presque fixes , sujet à des attaques d'épilepsie, dont on le retirait tantôt par la phlébotomie , tantôt par l'application de quelques sangsues à la marge de l'anus : une attaque qui survint incontinent après un dîner ordinaire, le fit périr subitement à vingt-trois ans environ. Nous avons encore vu cet accident survenir à une nourrice de vingt-cinq ans.

Il est bien rare que , dans la vieillesse, l'apoplexie soit déterminée par une pléthore sanguine*; à cet âge la partie globuleuse est moins abondante , et c'est la partie muqueuse qui prédomine chez les uns plus que chez d'autres. Les Médecins d'aujourd'hui répugnant beaucoup à employer la *phlébotomie ;* et ne voulant opérer d'évacuation sanguine que par le secours des sangsues , disposent les individus qui en font un fréquent usage, à des apoplexies d'autant plus incurables , que les sangsues ne pouvant tirer que la partie la plus fluide du sang , à cause de l'exiguité de l'ouverture qu'elles font, laissent nécessairement dans les vaisseaux la partie muqueuse, cette portion du sang qui parvient, avec le temps et le défaut de ressort dans le système vasculaire , à un épaisissement qui produira de fréquentes apoplexies à la génération actuelle, quand elle sera parvenue à sa soixantième année à peu près. Voilà ce qui doit résulter du système actuel de nos nouveaux Docteurs.

On ne doit employer les sangsues que pour le besoin d'une saignée locale , ou pour les personnes d'un tempérament trop relâché et chez lesquelles une abondante sérosité peut faire craindre l'hydropisie ; mais dans toute autre circonstance la phlébotomie doit avoir la préférence, spécialement dans les maladies inflammatoires , attendu que l'ouverture étant proportionnée au calibre des vaisseaux , toutes les parties du sang sortent également, et que l'on peut alors juger par quelle partie il pêche.

Nous sommes bien fondés en raisons

et expériences pour assurer que l'apoplexie de la vieillesse est une maladie plus
fréquemment humorale que sanguine, et
que cette crise est souvent déterminée
par la plénitude de l'estomac; car la vieillesse en général mange beaucoup trop.

Notre intention n'est pas de prévenir
contre la saignée dans toutes les attaques
d'apoplexie dans l'âge avancé; car, comme
elle est souvent déterminée par un spasme,
la saignée le fait quelquefois cesser subitement; mais notre but est d'appeler toute
l'attention sur la cause de cet état, et de
faire connaître que l'on s'abuse souvent
quand on fonde sur la saignée l'espérance
d'une guérison prochaine, au point de
répéter la saignée sur le même malade.

Hoffman l'employait, mais n'en abu-
sait pas; car on voit par les observations
qu'il nous a laissées, qu'il ne la répétait
jamais sur le même sujet frappé d'apoplexie, et cependant il en a guéri plusieurs; mais ce qui prévient en faveur de
ce secours est son effet subit lorsque l'accident est occasionné par le spasme; car

(442)

il y a des circonstances où les malades
recouvrent la connaissance et la faculté
des mouvemens presque aussitôt que la
veine est ouverte. Il n'en est pas moins
vrai, qu'il faut bien considérer l'âge, la
saison et la circonstance physique et morale où se trouve le malade, puisque sa
vie peut dépendre d'une saignée faite à
propos, comme sa mort peut être l'effet
de celle faite inconsidérément : il faut
donc, avant tout, s'informer de tout ce
qui a précédé cet état, et savoir s'il y
a répercussion d'une humeur cutanée ou
suppression subite d'une évacuation hé-
morroïdale habituelle. Nous avons vu la
mort d'une femme nouvellement accou-
chée, n'avoir pas d'autre cause que l'application de compresses imbibées de vinaigre sur les hémorroïdes dont elle était
tourmentée.

Hippocrate a dit : « Il est impossible
de guérir une très-forte apoplexie. » Il y
a lieu de croire qu'il a voulu parler de
celle où tout l'effort s'est porté au cerveau, et qui a attaqué l'origine des nerfs.

L'apoplexie est guérissable où l'action des nerfs n'est que suspendue par le spasme et l'empâtement du tissu cellulaire. La nature a besoin, pour coopérer à cette guérison, de toutes ses forces; et dans la vieillesse elle a besoin d'être aidée par quelques cordiaux diaphorétiques, et souvent par l'application des vésicatoires, spécialement lorsqu'on a fait usage **de la** saignée. Nous ne manquons jamais d'avoir recours à ce moyen, sitôt après la saignée qui n'a pas procuré une liberté complette du cerveau.

Cette crise se termine souvent par des vomissemens, une diarrhée ou des sueurs pâteuses et des urines boueuses; tandis que la nature épuisée chez les personnes sur lesquelles on a répété la saignée, reste dans l'affaissement qui devient mortel. Nous savons qu'on peut quelquefois la ranimer par les émétiques; mais aussi nous savons que ces moyens manquent souvent leur effet, et qu'on est trop heureux dans ce cas, quand ils procurent quelques évacuations abdominales; d'ailleurs, le ma-

(444)

lade ne peut pas toujours être secoué et
violenté, la nature agit quelquefois mieux
dans un profond repos, et opère une révolution salutaire.

On ne peut disconvenir que les vomitifs n'aient plus fréquemment eu d'heureux succès chez les vieillards, que les
saignées, non-seulement parce qu'ils éva-
cuent une partie de l'humeur muqueuse
qui enchaîne les ressorts, engourdit les
nerfs et opprime leur action, mais encore
parce qu'ils éveillent la sensibilité générale, font cesser la dyscinésie en rendant
un peu d'activité au principe vital qui
était comme étouffé avant leur administration ; aussi ne manquons-nous jamais
de les administrer en les réunissant à
quelques cordiaux ; car nous pensons
qu'il est nuisible de tenir ces malades à
un émétique continué pendant plusieurs
jours, sans l'unir à quelques moyens diaphorétiques et toniques pour relever le
ressort de tous les mouvemens orga-
niques, en même-temps qu'on en diminue
l'engorgement.

Hoffman n'a jamais manqué d'employer ce moyen que nous croyons très-nécessaire dans un âge avancé. On sent combien les vomitifs et les cordiaux seraient nuisibles dans une apoplexie déterminée par un spasme violent; car ce qui doit guérir celle produite par les humeurs, aggraverait celle qui a pour cause un spasme produit par un grand chagrin concentré, ou par un accès de colère : ces raisons doivent décider le Médecin à se mettre au fait de tout ce qui a précédé cet accident.

Nous croyons qu'après avoir fait échapper le vieillard au danger mortel, par l'administration des vomitifs et cordiaux dans l'apoplexie, on doit la traiter comme une maladie catarrhale, spécialement lorsqu'elle a été produite par la métastase d'une affection cutanée, ainsi que par un reflux hémorroïdal, et que, dans ce dernier cas, souvent quelques sangsues suffisent pour rétablir la santé; tandis que, dans le premier, il faut recourir à l'application d'un vésicatoire pour rappeler à l'organe extérieur l'humeur qui occasionne tout le danger.

Nous croyons aussi qu'une fois le danger passé, moins on met de précipitation à guérir, plus on y parvient sûrement en donnant à la nature le temps et les forces de faire la coction de l'humeur morbifique ; et enfin que , dans ces circonstances, un exutoire est aussi avantageux dans un âge avancé, que les saignées le sont à la jeunesse, et que par la continuité d'un vésicatoire, ou à sa place, l'établissement d'un cautère, ou l'usage du bois de *garou* ou d'*auréole*, on parviendra à se garantir d'une récidive.

CHAPITRE VIII.

Des Vertiges.

L es vertiges sont les symptômes de plusieurs maladies aiguës; ceux qui les éprouvent croient voir les objets tourner, et sont en même temps persuadés qu'ils tournent eux-mêmes; mais lorsqu'indépendamment de cette sensation, les yeux s'obscurcissent, et que le malade éprouve des palpitations et qu'il tombe; ces vertiges sont ordinairement chez les gens âgés les précurseurs de l'apoplexie, spécialement lorsqu'ils sont suivis ou précédés de fréquens assoupissemens.

Souvent aussi les vertiges ne sont que l'effet de quelque sabure, reste de digestion incomplette qui séjourne dans l'estomac; alors un peu de diète et quelques délayans aromatisés débarrassent l'estomac. Quelquefois aussi ils sont la suite d'une affection spasmodique, ou de la constipation.

Lorsque les vertiges sont l'effet d'un spasme, les délayans et les tempérans avec quelques gouttes de sirop de diacode, sont le vrai spécifique. S'ils sont la suite de la dyspepsie, quoiqu'on ait bien mâché et que l'estomac n'ait pas été surchargé, il faut aider la digestion par quelques boissons légèrement amères et aromatiques, comme l'infusion de feuilles d'oranger, le thé, les feuilles de cacis, ou de vulnéraires, ou thé suisse ; mais s'ils sont la suite de quelques indigestions, la diète et les lavemens sont les premiers remèdes qu'il faut y apporter ; ensuite quelques-unes des boissons ci-dessus indiquées ; et lorsque cet état se renouvelle, il faut nettoyer l'estomac par l'usage de la *poudre d'ipécacuanha*, à la dose de quinze grains dans une demi-tasse de bouillon à la viande, ou d'eau sucrée, si on ne craint pas de vomir. S'il y a empêchement à l'usage d'un vomitif, il faudra se purger

plusieurs

plusieurs fois, après quoi on facilitera la coction des humeurs crues et la bonne digestion par l'usage du vin anti-scorbutique, pour se préserver d'une attaque d'apoplexie.

Si les vertiges proviennent de constipation, les lavemens stimulans et purgatifs sont nécessaires, parce que, dans la vieillesse, cette incommodité est plus souvent l'effet de l'atonie des intestins, que de leur chaleur; et après les évacuations produites par ces lavemens, le vin anti-scorbutique devient d'une grande utilité pour réveiller la sensibilité, l'action des organes abdominaux, et y rappeler le principe vital qui y est étouffé par l'empâtement visqueux qui règne ordinairement à cet âge dans le tube intestinal. Si; après tous ces petits moyens, les vertiges subsistent, il faudra consulter le Médecin, qui, d'après l'état du pouls, jugera s'il faut avoir recours à une évacuation sanguine, soit par la phlébotomie, soit par les sangsues, pour prévenir l'apoplexie.

CHAPITRE IX.

*De l'Ulcère de l'*Utérus.

LA plus horrible de toutes les maladies qui affligent les femmes, est l'ulcère de *l'utérus* qui survient ordinairement à l'époque, ou à peu près, de la cessation du flux menstruel. Ce mal est tellement réputé incurable, que l'on ne cherche qu'à adoucir les douleurs qui augmentent graduellement d'intensité.

Souvent cet ulcère a son siége à l'orifice de *l'utérus*, mais plus fréquemment il en occupe le corps même. Les moyens qui sont ordinairement employés pour soulager les personnes qui en sont attaquées, sont les bains, qui ont peu d'efficacité quand le fond de *l'utérus* est le siége du mal. Les injections avec une forte décoc-

(451)

tion de *ciguë*, ou de *solanum*, de *mo-
relle* ou de *jusquiame*, à laquelle on
ajoute quelques têtes de pavot, ou quelques grains d'*opium*, procurent un calme
de quelques heures.

Aujourd'hui on peut faire mieux ; car
notre expérience nous a confirmés que
cette maladie, toujours réputée mortelle,
peut cependant être guérie par le traitement qui suit :

    P. Aigremoine, une poignée ;
      Écorce du Pérou, une once ;
      Orge mondé, une poignée ;

Faites bouillir dans un litre d'eau jusqu'à réduction d'un tiers ; ajoutez :

      Miel rosat, quatre onces ;
     Sel ammoniac, un gros, pour les in-
jections à faire.

Huit ou dix jours après, augmentez le
miel d'une once, et le sel ammoniac d'un
gros, et ajoutez :

      Onguent égyptiaque, deux onces.

   Faites séjourner les injections le plus

possible, en tenant les fesses de la malade
soulevées.

Sitôt que cette injection détersive est
rendue, injectez à différentes reprises
quatre onces de suc gastrique de bœuf
passé à travers une étamine ou un petit
tamis de crin, afin de le purger de toute
matière hétérogène, et faites séjourner
cette injection le plus long-temps possible.

Il faudra aussi faire boire à la malade
deux onces de ce suc gastrique, et l'augmenter graduellement d'une demi - once
tous les cinq jours pour le porter jusqu'à
six onces.

Si, après quinze jours de cet usage, la
malade n'éprouve pas un mieux marqué,
on lui fera commencer l'opiat suivant :

P. Extrait de ciguë, demi-once;
 Gomme ammoniaque, *idem;*
 Sel ammoniac, *idem;*
 Safran de Mars, *idem;*
 Térébenthine séchée à l'étuve et
 pulvérisée, une once.
Incorporez le tout dans suffisante quan-

tité de savon amigdalin, récemment composé, pour faire des pilules du poids de
six grains chacune, dont on commencera
l'usage par deux, pour augmenter d'une
tous les trois jours, jusqu'au nombre de six
et même huit, suivant la gravité du mal.

Pendant tout ce temps, le régime doit
être humectant et rafraîchissant. Quand
ces remèdes sont commencés avant le
dernier période du mal, on parvient,
après quelques mois, à dompter l'acrimonie des humeurs; ce qui se reconnaît à la très-grande diminution de la fé-
tidité de la matière fournie par l'ulcère,
conséquemment à son amélioration; lorsque cette matière n'a plus d'odeur et
qu'elle est blanche comme de la lymphe,
on peut user d'injections faites comme
il suit:

P. Écorce du Pérou, deux onces;
    Vulnéraires suisses, une poignée;
    Miel de Narbonne, deux onces pour
      un litre d'eau.

CHAPITRE X.

De la Nécessité de Mourir, conséquem-
ment de celle d'apprendre à Mourir
philosophiquement.

————

. . . . To u t ce qui naît expire ;
De la destruction, la nature est l'empire.

Après avoir fait connaître aux humains
les procédés propres à prolonger leurs
jours, il nous reste à leur indiquer les
moyens d'apprendre à mourir avec toute
la raison et le courage possible.

Le philosophe voit arriver la mort avec
la fermeté et l'indifférence dont il en a
parlé quelquefois et avec la même tranquillité dont il a vu celle de tant d'autres.

Après avoir joui des bienfaits de la
fortune, sans avarice et sans prodigalité,
après s'être rendu agréable à ses parens,

à sa femme et à ses amis ; après avoir fait pour les siens et ses concitoyens tout ce qui était en son pouvoir ; enfin, après avoir rempli sa tâche dans la société, l'homme bien convaincu qu'il n'est pas immortel, apprend à mépriser les terreurs de la mort, en se disant :

Qu'ici tout se corrompt, tout se détruit, tout
     passe ;
Mon oreille bientôt sera sourde aux concerts,
La chaleur de mon sang va se tourner en glace,
D'un nuage épaissi mes yeux seront couverts,
De nos vins généreux la sève vivifiante
Ne pourra plus flatter mes languissans dégoûts ;
Courbé, traînant à peine une marche pesante,
J'approcherai du terme où nous arrivons tous.
. . . .

Nous n'avons pas le projet de dissimuler que tous les êtres, ceux même auxquels nous n'accordons pour ainsi dire pas la connaissance intime de leur existence, ne cherchent, suivant leurs facultés, les moyens de la conserver. Il nous est bien prouvé que l'amour de soi est universellement répandu chez toutes les créatures , soit qu'il y réside dans un mouvement machinal ou organique, soit qu'il tienne à un sentiment plus ou moins réfléchi , et qu'en conséquence tout être vivant craint et fuit tout ce qui tend à sa destruction ; aussi l'homme sage attend-il la mort sans la desirer (1).

Plus l'homme est ignorant et dépourvu d'expérience , plus il est susceptible de crainte et d'effroi. L'obscurité , la solitude, le silence et les ténèbres de la nuit, le sifflement des vents sont , pour tout homme qui n'est point accoutumé à ces événemens , des objets de terreur. L'ignorant est un enfant que tout étonne et fait trembler; mais ses alarmes se calment et se dissipent à mesure que l'expérience le familiarise avec les effets de la nature, et il se rassure dès qu'il croit en connaître

(1) La science de mourir, coûtera toujours des efforts; nous devrions nous familiariser avec cette idée qui nous sauverait des erreurs, des égaremens honteux et souvent des penchans vicieux et criminels.

les causes (1). Il en serait de même des craintes qu'il a de la mort, si nous parvenions à le faire revenir de l'erreur où il est, en la regardant comme une vengeance divine.

En démontrant à l'homme la nécessité physique de mourir, nous lui rendrons un service d'autant plus grand, qu'exempt de cette crainte, il passera une vieillesse moins pénible et moins douloureuse. Les anciens, plus sages que nous, faisaient, du mépris de la mort, une partie capitale de leur éducation ; et dans un âge plus avancé, elle devenait l'objet de leurs méditations.

Le moyen de ramener les hommes à ce point de sagesse, et de détruire une erreur si funeste à leur tranquillité, est de

(1) Le tonnerre, dont le vulgaire ignore la vraie cause, est regardé par lui comme un instrument de la vengeance céleste; tandis que le Physicien est certain qu'il est l'effet naturel de la matière électrique accumulée dans différens nuages, dont les chocs occasionnent l'explosion qui produit le bruit qu'on appelle tonnerre.

leur faire envisager la mort sous son véritable aspect, en la dégageant des idées
effrayantes sous lesquelles on la leur présente et en les familiarisant avec l'idée d'un
philosophe qui a dit :

. . . . Je voudrais qu'à tout âge,
On sortît de la vie ; ainsi que d'un banquet,
Que, saluant son hôte, on refît son paquet.

Si les hommes ne regardaient pas leur
dernière heure comme une punition de
la Divinité, au lieu de la voir comme une
loi de la nature, nulle terreur ne pourrait s'emparer de l'ame de ceux qui auraient bien vécu ; leur confiance dans la
bonté de l'Être-Suprême, leur imprime-
rait au contraire, le desir de voir finir
cette vie, bien persuadés qu'ils en re-
commenceraient une autre plus heureuse,
et ils diraient avec nous :

O Dieu ! qu'on méconnaît ! ô Dieu ! que tout
    annonce !
Entends les derniers mots que ma bouche prononce ;
Mon cœur peut s'égarer, mais il est plein de toi,
Et ne veut désormais obéir qu'à ta loi.

O homme ! ne concevras-tu jamais, que tu n'es qu'un être éphémère dans cet univers ; tout étant vicissitude dans ce monde , comment eût - il été possible que ton admirable structure, mais si frêle et dont les ressorts sont si mobiles et si compliqués , fût exempte d'une loi qui veut que tout ce qui naît change , s'altère et périsse ? Pour calmer les terreurs que te donne l'idée de la mort, étudie la nature , et vois que les premiers humains constitués comme nous le sommes de matériaux périssables , ont dû être sujets à une fin , vraisemblablement plus tardive que la nôtre , parce qu'ils n'abusèrent pas , comme nous , de tous les moyens que le Créateur leur avait donnés pour jouir de la vie ; mais ne crois pas que la grande longévité dont Dieu les favorisa, dût les conduire à l'immortalité; il n'y a rien d'immortel que ce Dieu et le souffle divin dont il nous anima au moment de la création.

La raison doit donc te faire résigner au décret de notre souverain Maître ,

qui , sans nous consulter , nous plaça
pour un moment au rang des êtres organisés , et qui de même , sans notre con-
sentement nous oblige d'en sortir : telle
est la loi pour laquelle nous sommes nés
et dont il n'exempte aucun des êtres qu'il
produit ; il a rendu ce sort commun à
tous , afin que l'égalité nous console de
cette fatale nécessité ; il nous prouve à
tous momens qu'il ne fait grace à personne ; nous marchons tous vers le même
but que nous atteignons à des époques
différentes.

La mort, la triste, mais inévitable mort
qui , malgré notre orgueil , confond et
nivelle tous les rangs , est le terme commun de tout ce qui a vie ; elle est destinée par l'Auteur de la Nature à rétablir parmi nous l'empire de l'égalité, car

Le pauvre en sa cabanne, où le chaume le couvre,
Est sujet à ses lois;
Et la garde qui veille aux barrières du Louvre,
N'en défend pas les Rois.

La succession continuelle des générations ne doit pas nous étonner plus , que la succession périodique des feuilles. L'harmonie de l'Univers brille par-tout; mais elle n'est nulle part plus frappante , que dans la succession régulière de destructions et de régénérations continuelles des êtres.

Réproduction et Destruction.

Ces deux mots ont fixé pour jamais la destinée de notre monde. Car,

Jamais la sombre nuit, ou la naissante aurore,
N'a visité ce globe au malheur condamné,
Sans qu'on aît entendu les pleurs d'un nouveau-né,
Ou ceux que le cercueil rend plus amers encore.

Notre vie est tout à la fois une comédie et une tragédie : sous ce dernier aspect elle ne peut avoir un autre dénouement que la mort. Mourir est réaliser ces profonds sommeils dans lesquels nous sommes tombés quelquefois ; aussi les Athéniens avaient-ils placé la statue de la Mort à côté de celle du Sommeil. Nous sommes nés pour mourir, ne nous plaignons pas de notre sort ; parce qu'avec la constitution de ce globe, nous serions infiniment plus à plaindre si nous ne devions pas mourir.

Si du Dieu qui nous fit, l'éternelle puissance
Eût, à deux jours au plus, borné notre existence,
Il nous aurait fait grace ; il faudrait consumer
Ces deux jours de la vie à lui plaire, à l'aimer.
Contentons-nous des biens qui nous sont destinés,
Passagers comme nous, et comme nous bornés.
Le temps est assez long pour quiconque en profite ;
Qui travaille et qui pense en étend la limite.

Le sage ne desire pas une très-longue vie, mais il met à profit celle que l'Auteur de la nature lui accorde, ce qui est une chose difficile et rare, car peu s'occupent de la bien régler. La plus longue vie n'est pas toujours la meilleure, si nous la connaissions nous n'en voudrions pas.

Vitam nemo acciperet, si daretur scientibus (1).

Dans l'incertitude où nous sommes

(1) CHARON, liv. Ier. *de la Sagesse.*

des événemens de cette vie , qui sait si la mort n'est pas le souverain bien ? Réjouissons-nous donc de ce que la vie ne nous est que prêtée , de ce que nous n'en sommes que les usufruitiers , et ne nous affligeons pas d'être obligés de la rendre ; car il faut toujours être préparé à rendre ce qu'on nous a prêté. Si la vie est un bien , s'il est nécessaire de l'aimer , il n'est pas moins nécessaire de la quitter. La plus insensée de toutes les craintes est celle de la mort, puisque nous ne pouvons l'éviter.

O homme ! connais donc ton erreur ; vois donc que tes craintes t'empêchent de jouir de la vie , et précipitent la fin que tu voudrais éloigner ! La crainte, en t'ôtant le courage , te prive de tes forces et de ton énergie pour jouir ; elle te livre à cette foule de maux qui en sont la suite et qui te détruisent.

Malgré la vérité de ces réflexions, rien n'est plus rare que les hommes vraiment affermis contre les craintes de la mort, parce que tant que nous nous portons

bien, nous n'y réfléchissons pas, et lorsque nous sommes malades, nos forces morales décroissent en proportion de l'abandon de nos forces physiques.

L'illustre *Bacon* dit : « Les hommes
craignent la mort comme les enfans craignent l'obscurité. » En effet l'homme a
naturellement de la crainte de tout ce
qu'il ne connaît pas ; accoutumé à sentir,
à penser, à jouir de la société de tous
les êtres animés, il ne peut se faire une
idée de sa mort, sans s'affliger, parce
qu'indépendamment des douleurs qui
précèdent ordinairement cette fin, l'incertitude du sort futur augmente son inquiétude.

POPE a dit : « Les biens, les maux que
le Ciel nous envoie ne sont pas les seules
causes de notre joie ou de notre tristesse ;
mais la crainte ou l'espoir que nous avons
de l'avenir forment en secret nos plaisirs
ou nos peines. »

Nous ne pouvons disconvenir que cette
incertitude ne soit la plus grande source
de cette frayeur qui poursuit l'homme
pendant

pendant sa vieillesse ; mais une vie vertueuse doit le rassurer sur les suites de
cette-fin inévitable.

Toujours occupés du désir de connaître l'avenir , nous poussons notre inquiétude au-delà du tombeau (1). Nous
savons qu'il n'est pas question d'une heure,
d'une année , ou d'un siècle , mais d'une
éternité ; et sans faire attention à l'éternité qui nous a précédés , nous n'envisa-
geons qu'avec effroi celle qui doit nous
suivre ; cette pensée produit en nous le
desir de connaître quel doit être notre
sort en cessant de vivre : c'est ce desir et
cette inquiétude générale qui ont donné
lieu à tous les raisonnemens faits sur la
nature de l'ame dont le Créateur s'est réservé la connaissance.

C'est pour le sort à venir de cette substance divine et immortelle, que nous nous
tourmentons pendant une partie de notre
voyage d'ici-bas , au point que les individus les plus acccablés par l'infortune

(1) Ce desir est la plus ancienne maladie de
l'esprit humain.

et les infirmités , ne peuvent envisager leur mort que comme un renversement de l'ordre naturel, et que comme un néant absolu. Cependant un sentiment secret , plus sublime que la raison , repousse l'idée du néant , et nous dit que nous ne mourons pas tout entier ; que l'Être des êtres n'a pas voulu éteindre par la mort, le souffle divin qui, ayant distingué l'homme , l'a mis au dessus de toutes les autres créatures, en l'élevant aux conceptions de sa suprême intelligence. Ainsi nous devons mourir avec l'assurance d'exister encore ; et les bontés de Dieu garantissent aux ames pures et bienfaisantes, un sort plus doux que celui dont elles jouissent sous leur dépouille mortelle.

D'où nous vient du néant cette crainte bizarre ?
Tout en sort, rien n'y rentre; et la Nature avare,
Dans tous ses changemens, ne perd jamais son bien.
Ton art, ni tes fourneaux n'anéantiront rien ;
Toi, qui, riche en fumée, ô sublime alchimiste !
Dans ton laboratoire, invoque *Trismégiste*,
Tu peux filtrer, dissoudre, évaporer ce sel ;
Mais celui qui l'a fait veut qu'il soit immortel.

Prétendras-tu toujours à l'honneur de produire,
Tandis que tu n'as pas le pouvoir de détruire ?
Si du sel ou du sable un grain ne peut périr,
L'être qui pense en moi craindrait-il de mourir (1)?

Les hommes préoccupés de la crainte de la mort ne peuvent, sans frémir, séparer en idée leur corps de leur ame, et se contenter de cette partie d'eux-mêmes qui, délivrée d'un long emprisonnement, considérera avec pitié les humains, tandis qu'elle contemplera la Divinité, dont en vain elle aura voulu ici-bas se former une image.

L'homme heureux, l'homme instruit peut craindre d'être privé pour long-temps du bonheur qu'il voudrait ne jamais voir finir. Sa raison lui a démontré des perfections divines dans son ame, et l'a persuadé que cette portion de la Divinité subsistera après son humaine nature ; et s'il lui reste quelqu'inquiétude sur cet objet, c'est qu'il croit que l'ame a besoin d'un corps pour sentir ses facultés : mais

____

(1) Du *Poëme sur la Religion*, par Racine fils.

le dogme de la résurrection, si consolant
et si conforme à la saine philosophie, ne
vient-il pas à son secours? L'homme religieux est persuadé que le sommeil n'est
pas durable, même dans le tombeau, et
que la mort n'est qu'une transfiguration
glorieuse. Qu'a donc la mort de si terrible pour celui qui ne voit en elle que
la porte de l'éternité heureuse; et qu'est-
ce que la vie a donc de si agréable pour
la regretter, quand on en connaît toutes
les misères?

Le sage ne doit donc pas se laisser
abattre lâchement par la crainte de la
mort. *Dieu*, le père des humains, est le
premier régulateur de leurs destinées, la
source unique de ce qu'ils sont et de ce
qu'ils peuvent devenir; en lui seul, nous
devons chercher nos consolations et nos
dernières espérances; non qu'il veuille, en
notre faveur, intervertir l'ordre établi par
ses lois; mais par notre abandon à sa volonté, nous sentons qu'en nous enfonçant
dans le sommeil de la mort, qu'en quittant ce monde, nous nous retirons du

néant , puisque notre ame se rapproche de lui ; car l'homme juste passera tout-à-coup du jour ténébreux de son existence à la lumière pure d'une seconde vie , où il jouira de ce bonheur ineffable et inaltérable , dont ce monde ne peut nous donner la plus faible notion.

Enfin, quand nous voyons le plus malheureux des mortels s'écrier qu'il préfère son état de douleur à la cessation de son existence, nous sommes bien convaincus que c'est faute de se faire une idée vraie de la mort, qu'il s'en effraye ainsi, et que ce n'est que parce qu'il la regarde comme une punition qui le prive de ses faibles jouissances, sans se persuader que l'Être suprême n'a permis à la mort de le frapper, que pour terminer ses souffrances , et le rendre à une existence nouvelle.

Détrompés de tous les biens de ce monde , des illusions flatteuses qui ont bercé l'aurore de leurs ans , plusieurs hommes parvenus à la raison , voient que la vie n'est qu'une vapeur légère , qui ne brille qu'au moment de sa croissance , et qui ne peut exister , hélas ! que sur le théâtre des tempêtes ; ils voient combien peu atteignent ce bonheur après lequel ils courent sans cesse ; ils voient qu'après que l'homme sensible possède une épouse selon son cœur, et qu'il goûte les douceurs de l'union conjugale, au sein d'une famille nombreuse et chérie , qui fut la première intention du Créateur, et qu'enfin lorsqu'il possède les objets des plus doux sentimens qui font croire à la félicité humaine, son cœur est souvent frappé, dans ces objets de son affection , par la mort qui vient aussi l'assaillir jusque dans les bras de ses créatures les plus chéries, et leur faire pleurer un souvenir cruel à conserver. Oui ! il faut mourir avant les objets de notre tendresse , ou les voir descendre au tombeau. Aussi croyons-nous qu'après une longue carrière, peu d'hommes voudraient racheter leurs plaisirs en se soumettant de nouveau aux tourmens qui en ont empoisonné les jouissances.

Réfléchissons un moment. Si la mort nous prive de tout, elle efface le souvenir

de tout; nous ne pouvons donc éprouver
ni privations, ni regrets; et comme dans
ce monde la somme des maux surpasse
ordinairement celle du bonheur, concluons (non pas comme *Sénèque*, qui
prétend que la vie entière est un supplice);
mais concluons seulement qu'elle nous est
plus souvent à charge qu'agréable ; que
lancés ici-bas, comme sur une mer profonde , toujours agitée et sujette à un
flux et reflux, tantôt nous sommes élevés,
tantôt précipités , et sans cesse balottés ;
que si nous ne faisons pas toujours nau-
frage , toujours nous le craignons; que
notre ame est toujours suspendue entre
la crainte et l'espérance, et que dans une
vie aussi orageuse nous n'avons d'asile assuré que dans la mort (1).

Le chagrin, les disgraces, le défaut de
succès adoucissent , pour quelques-uns,
l'image si révoltante de la mort, et la leur
font regarder comme le terme et la cessation de leurs malheurs ; l'indigence ap-

(1) L'HOMME est un être grave qui rit un moment
et pleure pendant des années.

privoise le pauvre avec ce terme fatal si redouté de l'homme riche ; mais celui qui est constitué en dignité et en pouvoir , oublie que la jouissance de tous les biens dont l'éclat trompeur séduit les humains ; que tous ces objets qui excitent notre admiration et provoquent notre cupidité , lui ont coûté des peines à acquérir , et plus encore à conserver au milieu des brigues et des cabales de l'ambition , parmi la foule d'envieux et de calomniateurs qui empoisonnent les actions les plus honnêtes ; il oublie qu'il a été plus souvent accablé d'honneurs que décoré, et qu'il n'a jamais joui des faveurs de la fortune, sans en craindre les vicissitudes.

Cependant, malgré son attachement à la vie, et ses craintes de la mort, l'homme s'y expose souvent ; les uns la bravent par témérité, les autres par préjugé. L'amour, l'orgueil , la jalousie , l'ambition et la gloire, toutes ces passions font disparaître et anéantissent en lui cette terrible crainte, et le rendent ce que nous appelons brave et courageux.

Lucain a défini la philosophie, une méditation de la mort ; mais il ne veut pas pour cela que nous nous occupions tristement du terme de notre vie ; il ne veut pas que nos idées, toujours teintes de l'image lugubre de la mort, nous privent de toute volupté ; il veut que nous nous familiarisions avec un objet que notre nature, notre essence nous rendent nécessaire. Profitons donc de notre existence, non pour nous attrister sur sa fin, mais pour nous mettre en état de bien finir.

COROLLAIRE.

L'homme, pour parvenir à rendre son existence heureuse et la fin de sa carrière exempte d'infirmités et de remords, doit être *tempérant, modéré et bienfaisant, ne prodiguer pas le plaisir*, s'il veut le rendre durable, *s'abstenir de tout ce qui peut nuire aux autres.*

Remplis tous ces devoirs et respecte la loi,
Le sentier des vertus s'aplanira pour toi ;

J'en jure par celui qui verse dans notre ame
Et la vérité sainte et sa céleste flamme.
Qu'à la seule vertu, ta sagesse confie
Les rênes de ce char où s'envole la vie;
Alors t'élançant pur, vers la Divinité,
Tu franchiras le seuil de l'immortalité,

Et la mort ne sera pour toi que la porte d'une existence nouvelle et heureuse, sous un nouvel ordre de choses. La nécessité·de mourir n'est à l'homme sage qu'une raison pour bien vivre; car la seule satisfaction en mourant est d'avoir bien vécu.

Heureux le vieillard ! qui, parvenu aux noirs confins de la vie avec l'estime de ses concitoyens, l'amitié de tout ce qui l'entoure, peut dire :

Mes enfans, grace au Ciel, se portent tous au bien;
C'est assez, j'ai mon lot, je ne demande rien;
Et le terme arrivé, sans regret, sans envie,
Ainsi que j'ai vécu, je quitterai la vie.

Au lit de la mort, il reporte ses regards attendris sur les différens membres de cette famille, et se console d'être obligé de les quitter, en pensant qu'il les reverra près d'un Dieu qui doit un prix à son amour et à sa bonne conduite ; c'est en mettant toutes ses espérances dans la Divinité, qu'il parvient à triompher des terreurs de la mort.

O religion sainte, que tu es belle ! Par toi nous avons joui pendant la vie, et les fleurs que tu as répandues sur notre existence exhalent encore leurs parfums, lorsque Dieu ordonne à notre ame d'abandonner sa demeure passagère et qu'il nous montre au-delà du tombeau la consolante éternité. Que peut craindre l'homme qui ne voit dans le passé que le bien qu'il a fait ? Il jette autour de lui de paisibles regards, et autour de lui tout semble lui sourire, et ne lui renvoyer que de doux souvenirs et de délicieuses espérances.

Le vieillard qui n'a cessé de se rendre agréable à sa femme par tous les soins, les complaisances et les attentions compatibles avec la raison ; qui s'est appliqué à bien élever ses enfans, pénétré des triples sentimens d'amour conjugal, d'amour paternel, de reconnaissance filiale que lui font éprouver ces créatures heureuses par lui, achève avec eux une douce carrière, et croit en recommencer une autre avec ses petits-enfans. Cette illusion du sage qui sait apprécier les vertus sociales et morales, soutenue d'une saine Philosophie et d'une vie exempte de remords, source de la paix de l'ame, le préserve de la crainte pusillanime de la mort; l'ange de l'espérance descendant vers lui ferme ses yeux à la lumière, et le conduit tranquillement à cette fin où un séjour de délices l'attend; c'est ainsi que le sage réalise l'idée de celui qui a dit :

Approche-t-il du but, quitte-t il ce séjour,
Rien ne trouble sa fin; c'est le soir d'un beau jour.

FIN.

TROISIÈME PARTIE.

(481)

QUATRIÈME PARTIE.

CINQUIÈME PARTIE.

DE LA THÉRAPEUTIQUE, ou de la Médecine curative des Mala-

(482)

Fin de la Table des Chapitres.

TABLE DES MATIÈRES

ET

EXPLICATION

DES NOUVELLES DÉNOMINATIONS.

(Les chiffres indiquent les pages.)

A.

Gastrique, ce qui a rapport à l'estomac.

Gérocomie, ce que c'est, 93.

H.

HEUREUX; que faut-il pour l'être ? 26.

Hippocrate, 50.

Hiver, son influence sur la vieillesse, 132. Ce qu'il faut faire pour éviter ses dangereux effets, 133 et suivantes.

Hydrocelle, 413.

Hystérocelle, descente de matrice.

Hydrocéphale, 3. Hydropisies de la tête; leurs nouvelles dénominations, 411 et suivantes.

Hydromphale, 414.

Hydropisie-ascite, sa cause, 423 et 426. Son traitement, 429. Cause de la soif des hydropiques, 432.

Hydrotorax, hydropisie de poitrine.

Hygiène, 61.

Hygiénique, tout ce qui a rapport à l'hygiène.

I.

IDIOSYNÉRASSIE, tempérament particulier à un individu.

Incontinence d'urine, 403. Ses moyens curatifs, 404.

Intempérance, ses dangers pour la vieillesse, 183.

Invocation à la déesse de la Santé, 59.

R.

S.

Fin de la Table des Matières.

ERRATA.

Page 73, avant-dernière ligne : après le mot la qualité, supprimez la virgule.

Page 324, ligne 21, supprimez le mot *nous*.

Page 326, ligne 11, après phlegmatique, supprimez la virgule et mettez-la après *acquis*.